MANICURIST

美甲师

专业美甲一本全

美甲“教母”、品牌创始人
倾力打造美甲师从业指南

李秀珍
著

青岛出版社
QINGDAO PUBLISHING HOUSE

图书在版编目（CIP）数据

美甲师 / 李秀珍著．— 青岛：青岛出版社，2021.10
ISBN 978-7-5552-2783-0

Ⅰ．①美… Ⅱ．①李… Ⅲ．①指（趾）甲－化妆－职业培训－教材 Ⅳ．①TS974.15

中国版本图书馆 CIP 数据核字 (2021) 第 190317 号

书　　名　美甲师
　　　　　MEIJIASHI

著　　者　李秀珍
译　　者　池香花
出版发行　青岛出版社
社　　址　青岛市海尔路 182 号（266061）
本社网址　http://www.qdpub.com
邮购电话　0532-68068091
策　　划　周鸿媛　王　宁
责任编辑　刘百玉
封面设计　尚世视觉
装帧设计　祝玉华
照　　排　光合时代
印　　刷　青岛名扬数码印刷有限责任公司
出版日期　2021 年 10 月第 1 版　2021 年 10 月第 1 次印刷
开　　本　16 开（850mm × 1092mm）
印　　张　12
字　　数　300 千
书　　号　ISBN 978-7-5552-2783-0
定　　价　98.00 元

编校质量、盗版监督服务电话：4006532017　0532-68068050
上架建议：技能培训　时尚

前　言

如今，美甲已成为时尚的一部分，成为一个人展现独特魅力和个性的一种方式。

我与美甲结缘并投身美甲事业已经有二十多年了，可我仍感觉自己在不断地遇到新的挑战，因为美甲的款式与技术在不断地更新。现在，我想将这二十多年通过无数挑战而积累下来的经验分享给大家，带更多想了解美甲的人“入行”，因此我决定编写这本书。希望大家在做美甲的时候能用到这本书，将它作为一本参考书；希望这本书能成为未来美甲师的指导手册；希望更多的人在美甲中感受到快乐。

虽然我出版过很多本美甲书，但这是我第一次在中国出书，我感到非常荣幸。希望这本书出版后能让我有机会和更多的中国美甲爱好者进行交流，也能让我更好地了解中国的美甲产业并为之贡献力量。

在编写这本书时，我回顾了以前出版过的几本书，对图书内容做了整理、整合和更新。在这本书里，我用简单易懂的方式讲解了美甲的基础技能与近百款花样美甲，从美甲工具到指甲护理，从简单的单色美甲到复杂的法式美甲，从办公室美甲、婚礼美甲到适合不同季节的美甲……我从不一味地追赶潮流，在本书中，我竭尽全力将设计不同类型的美甲的方法介绍给你，因为方法永远不会过时！

真心地希望这本书能成为你的美甲指南。

李秀珍

2021年·秋

李秀珍

投身美甲事业二十多年，创办了自己的美甲品牌及美甲沙龙，是美甲行业的宣传大使，也是一位全能艺人。

●作者简介

①专业美甲品牌“NCJ”CEO(首席执行官)。

②韩国美甲协会指导委员会形象大使、美甲模特。

③韩国美甲协会大会组织委员会委员。

④曾在韩国建国大学、西京大学任讲师。

⑤曾任众多美甲品牌的美甲教师。

⑥韩国演员协会、模特协会会员。

⑦担任众多时尚、美甲杂志的封面和内页模特。

⑧曾任彩妆品牌“kissbeauty”的专属模特。

⑨接受过韩国SBS（首尔广播公司）的《Morning Wide》(《出发，早晨》)节目的现场直播采访。

⑩曾在《QUEEN》(《皇后》)等杂志的美甲专栏进行连载。

⑪曾任连续剧《美甲店Paris》(《巴黎美甲店》)的美甲顾问。

⑫开发并推出过多款美甲手机应用。

⑬曾受邀在Cosmoprof Asia Hong Kong（中国香港亚太美容美发展览会）、China International Beauty Expo（中国国际美博会）、Cosmoprof Bologna（意大利博洛尼亚美容展览会）进行现场演示。

⑭曾获多项国际美甲奖项。

目　录

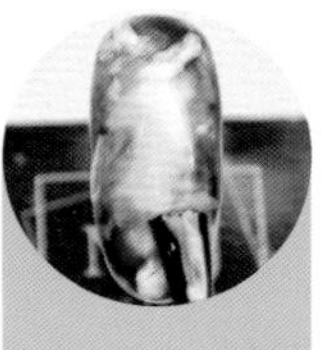

Chapter
04

第五章　季节美甲

第六章　场合美甲

第一章

美甲工具

1.修甲工具

(1)指甲锉

修理指甲长度的工具，有砂纸做的，也有薄木做的。使用时从指甲两边向中间锉，不要长时间来回锉同一位置。

(2)砂条

打磨、修理指甲表面的工具，还可以用来卸甲。使用时将砂条与指甲表面平行，用砂条中间部分横向打磨指甲表面。

(3)抛光锉

为自然指甲的表面抛光的工具，还可以用来消除指甲上的纹路。使用时不可长时间在同一位置来回摩擦，更不可过度抛光。

(4)海绵锉条

消除用指甲锉、砂条和抛光锉打磨、抛光时产生的划痕的工具。海绵不会破坏指甲形状，用它打磨指甲既能保持指甲形状，又能使指甲表面更加均匀。

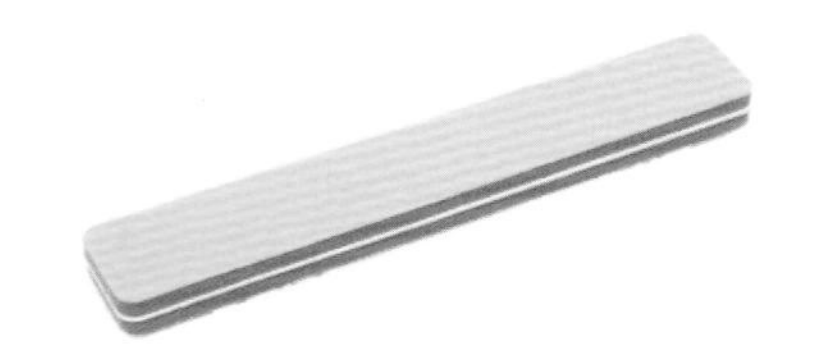

(5)橘木棒

推死皮的工具。在橘木棒上卷上棉花还可以用来清除指甲上的异物。橘木有抗菌作用。

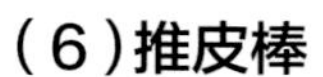

(6)推皮棒

去除手指上老化的皮肤和指甲上的角质，使指甲显得修长的工具。使用时勿用力过猛，以免损伤指甲。

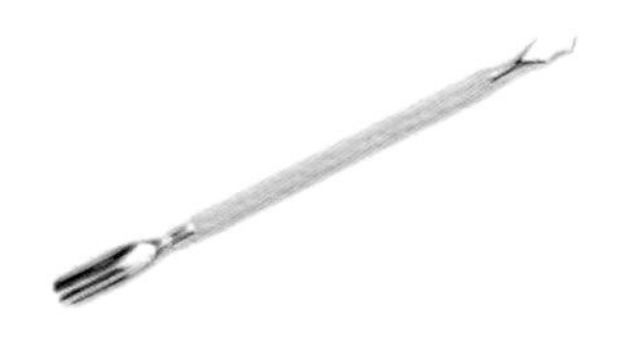

（7）死皮剪

去除指甲周围的死皮的工具。使用时不要夹住死皮撕拉，只用剪口前三分之一部分少量多次地修剪即可。

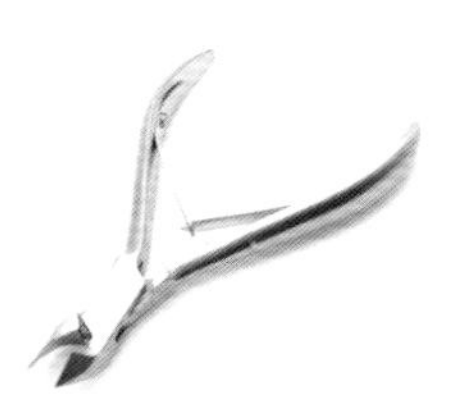

（8）指甲刀

修剪指甲和人造指甲的长度的工具，还可以用来去除钻石等美甲装饰品。

（9）泡手球

美甲之前用来浸泡手指、泡软死皮的工具。

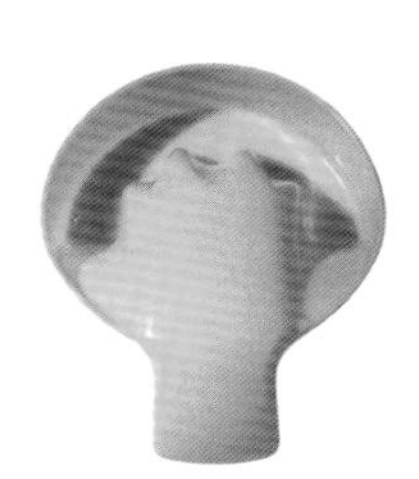

（10）除尘刷

扫去指甲周围的异物的工具。

（11）皂液器

盛洗甲水的容器，有塑料、玻璃等不同材质的。

（12）分指器

分离脚趾的工具。

其他工具

除以上修甲工具，还有纱布、化妆棉片、酒精棉棒等工具，可按需购买。

2.甲油胶

甲油胶与指甲油类似，可以用刷子蘸取后直接在指甲上操作。甲油胶有不易流淌、见光固化、光泽保持时间长等特点。

（1）纯色甲油胶

适合制作简单的美甲或彩绘美甲的甲油胶。纯色甲油胶涂抹一层和两层后的色彩效果是不同的，因此可以通过叠加或混色来达到不同的效果。后面的讲解中的“甲油胶”多指“纯色甲油胶”。

（2）亮片甲油胶

亮片甲油胶中含有不同尺寸、不同样式的装饰亮片，可以用它涂抹整个指甲，也可以用作填充、点缀。

亮片甲油胶自动找平的效果很好，涂完直接涂抹顶胶（见第5页）就可以了。

起初，亮片甲油胶只有硬胶产品，现在已经有软胶产品了。

知识补充

硬胶指丙烯酸树脂光疗胶，多用于指甲甲体的延长和塑形。硬胶的优点是硬度高、持久、光泽度高，适合做坚硬的小饰品。卸除硬胶的方式是用砂条或打磨机进行物理卸除。

软胶指树脂光疗胶，多用于上色。软胶的优点是柔韧度高、色彩丰富、能溶于卸甲水，适合用在薄指甲或卸不干净的指甲上，还适合做具有一定柔韧性的小饰品。卸除软胶时直接用卸甲水将其擦除即可。

（3）打底胶

打底胶几乎没有刺激性，可以在很大程度上减少甲油胶对指甲的伤害，可用作自然指甲和其他甲油胶的中间层。另外，做美甲款式前使用打底胶还有延长美甲的维持时间、防止自然指甲被浸色的作用。涂抹打底胶前要先打磨指甲，清理指甲上的油分和污渍；涂抹打底胶后需灯烤30秒。

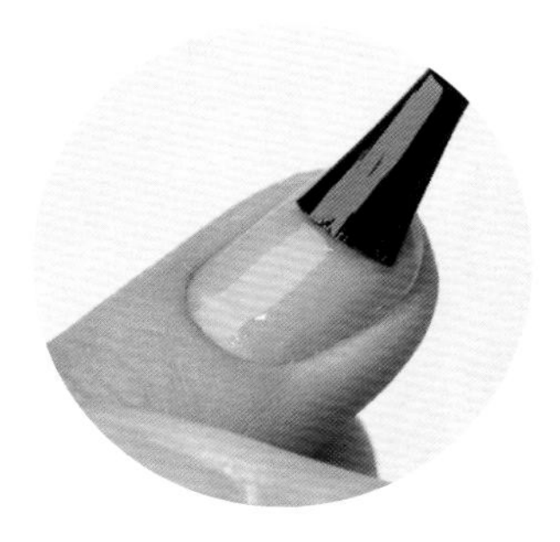

（4）顶胶

顶胶分为亮光顶胶和哑光顶胶。亮光顶胶能够保护美甲的颜色并增添色彩感、提高光泽度；哑光顶胶则能除去美甲的光泽，使美甲的色彩、光泽更柔和。

在完成的美甲上涂抹顶胶后需灯烤30秒。顶胶可一次性完全固化，具有黏度适中、有一定厚度、使用方便等优点。

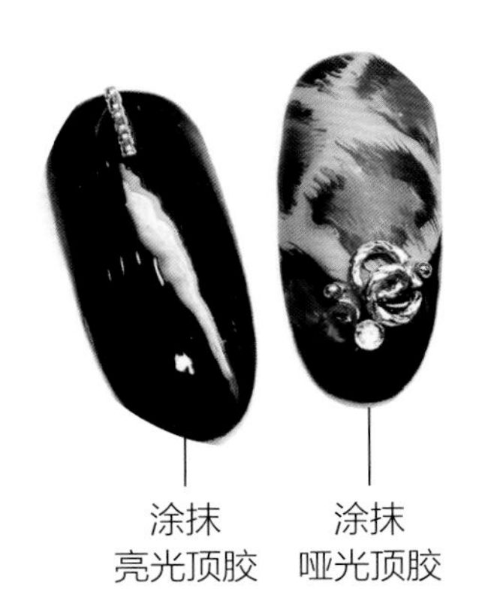

涂抹亮光顶胶　涂抹哑光顶胶

（5）速干凝胶

速干凝胶黏着力强、不易流淌，适合用来制作简单的、有立体感的美甲。使用速干凝胶可延长指甲长度1~2毫米，还可加固指甲、修补破损、覆盖旧美甲、粘贴装饰品等。用速干凝胶修补破损、覆盖旧美甲后可直接涂抹顶胶，不需等到速干凝胶完全固化。另外，速干凝胶还可以代替顶胶。

（6）光疗延长胶

光疗延长胶黏度高、流动性差，与速干凝胶一样，在未完全固化的情况下可以直接覆盖顶胶，也可用于延长指甲的长度。另外，可以用光疗延长胶加固指甲。

（7）压花胶

适用于制作立体造型美甲，使用时需要用笔刷塑形，并在轻度硬化的过程中配合卸胶油进行反复塑形。

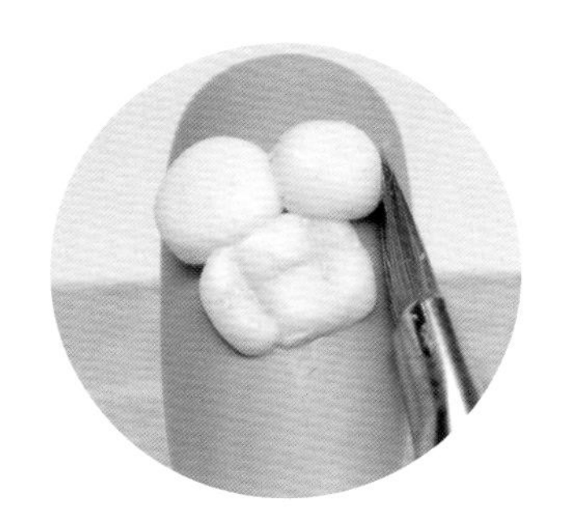

3. 笔刷

一般来说，一套美甲用的笔刷主要包含拉线笔、雕花笔、扇形笔、压花笔、圆点棒，用它们就可以做出大部分美甲款式了。

（1）拉线笔

拉线笔的款式很多，主要区别在于刷毛的长度。刷毛长的拉线笔适合画长线，描绘细长线条；刷毛短的拉线笔适合画短线，描绘粗短线条。使用拉线笔时，先将笔尖立起，下笔后将笔倾斜，向后轻拉画线。

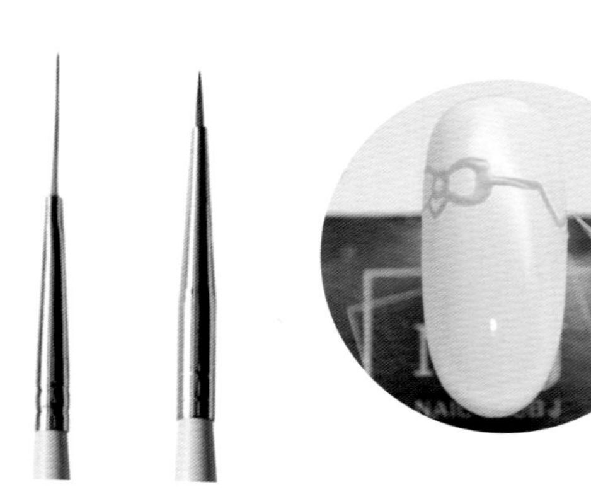

（2）雕花笔

雕花笔主要用于绘制各式各样的图案。

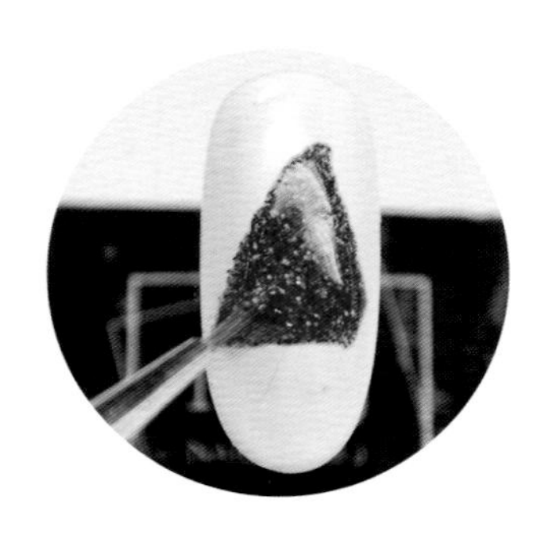

（3）扇形笔

扇形笔主要用于表现粗糙的质感、划痕和自然大理石的纹路。

（4）压花笔

压花笔是对压花胶进行塑形时使用的笔刷。

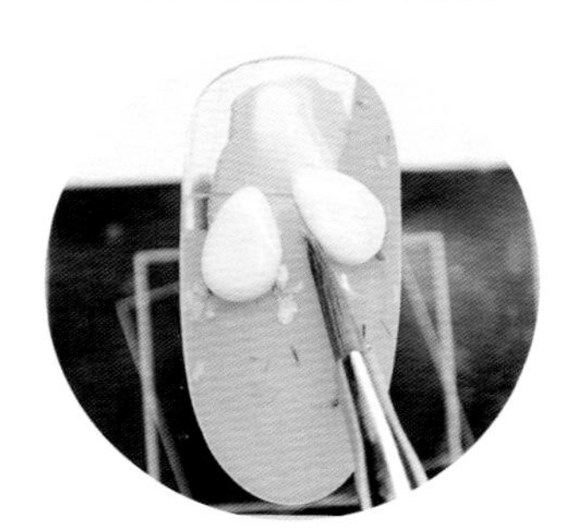

（5）圆点棒

圆点棒是绘制圆点时使用的笔刷，通常有两头，两头圆球的大小不同。

4.其他美甲工具

（1）美甲贴纸

美甲贴纸的样式很多，很薄、易贴，一般用布料制成，使用时不用担心会将其拉破或拉变形，还可以用剪刀、指甲刀或死皮剪将其切断，仅选取需要的部分使用。后面的讲解中将不再说明切断美甲贴纸的方式和工具。

（2）烤灯

现在的烤灯结合了UV（紫外线照射）和LED（普通光照射）功能，能够快速固化甲油胶。它还有自动感应器，可以在放入手时自动打开，抽出手时自动关闭。当然也可以设定时间，如10秒、30秒、60秒。一般来说，烤灯都带护目盖和可拆卸支架，使用起来非常方便。

（3）装饰品

美甲时会用到人造宝石、亮片等各式各样的装饰品。装饰品的种类很多，每一种的形状和尺寸也很多，刚接触美甲的人只需要购买一些常用的就可以了，不必购入太多。

练习卡

尝试运用笔刷绘制图案。

（1）用拉线笔绘制叶脉。

①　　②　　③

再练一次。

①　　②　　③

（2）用雕花笔绘制花瓣。

①　　②　　③　　④　　⑤

再练一次。

①　　②　　③　　④　　⑤

（3）用圆点棒点出大小不同的圆点。

第二章

美甲基础技能

1. 指甲的形状

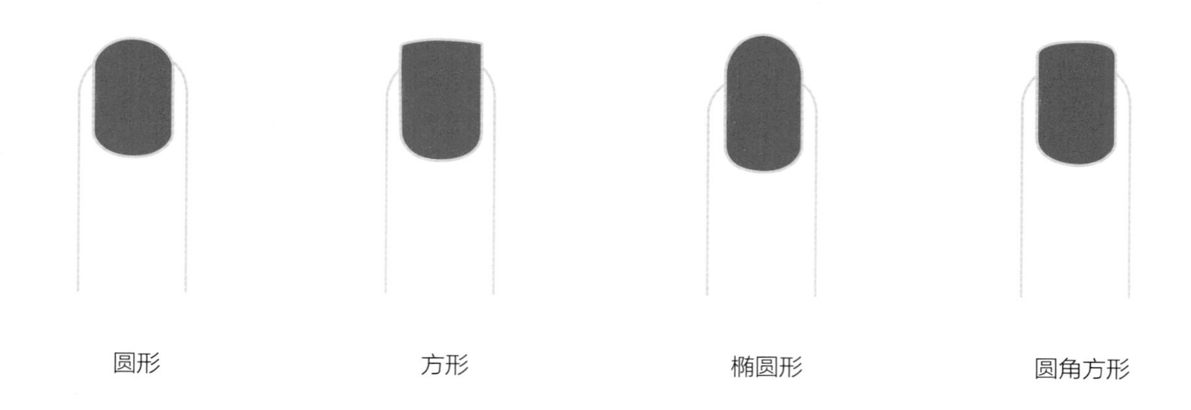

指甲形状	特点	适用人群
圆形	最自然、最常见的形状	男性，经常用手做精细工作的人，体力劳动者
方形	做美甲后能够保持较长时间的形状，大多数美甲资格证考试、美甲展览、美甲大会指定形状	参加比赛、展览等重要场合的人。在生活中将指甲修成这个形状会有不便，建议将其磨成圆角方形
椭圆形	最女性化的形状，但做美甲后能够保持的时间较短	女性，希望指甲显得修长的人
圆角方形	美甲店常做的形状	想表现出专业、干练的气质的人

2.指甲的护理方法

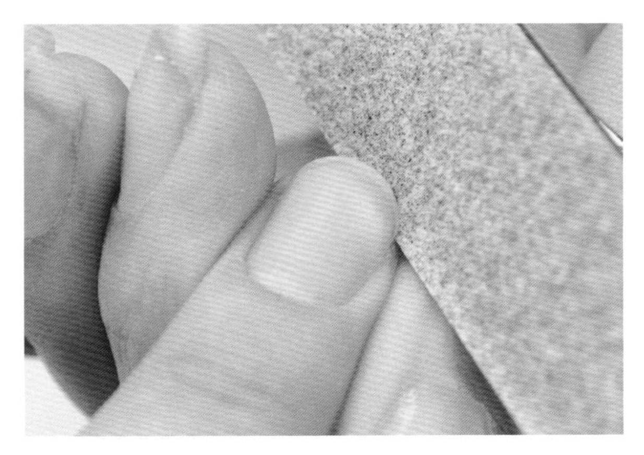

①用指甲刀、指甲锉将指甲修剪成想要的长度和形状。

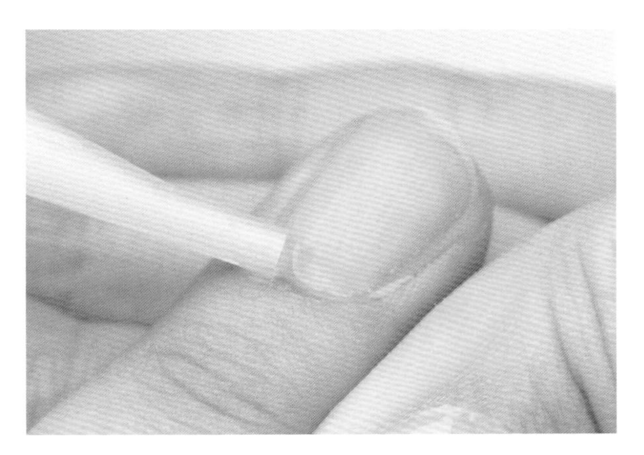

②将角质软化剂涂抹在指甲沟处。

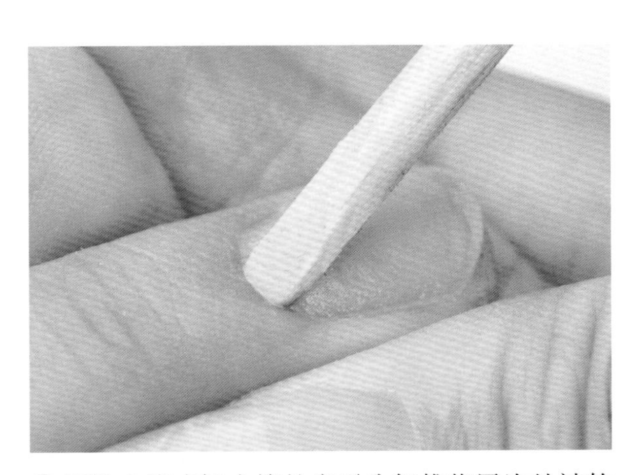

③用推皮棒或橘木棒的扁平头轻推指甲沟处被软化的角质层，去除死皮、角质。

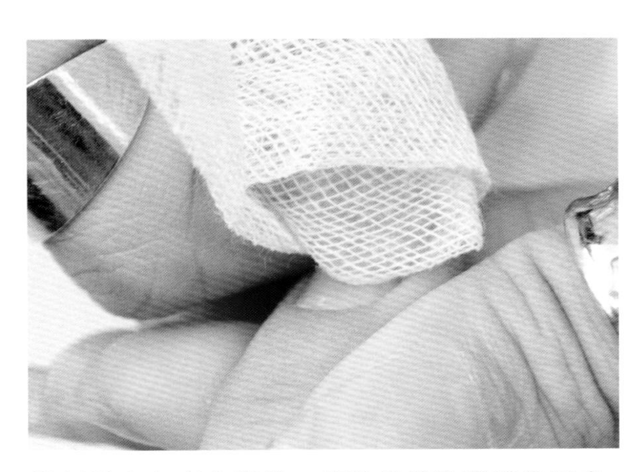

④用纱布包裹大拇指，擦除指甲沟附近的死皮、角质。

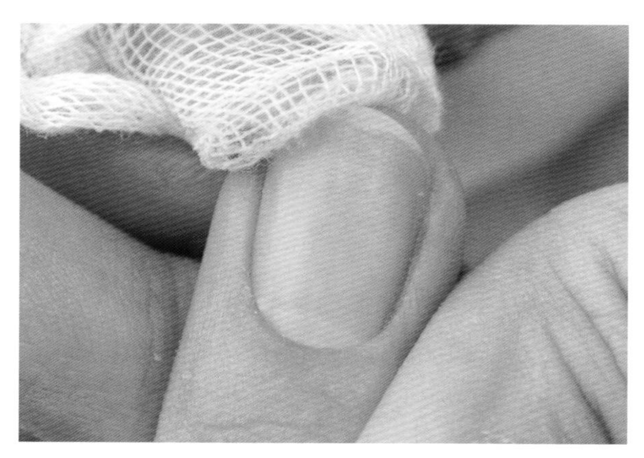

⑤指甲前缘、下方及指尖皮肤也要用纱布清理一下。

⑥将酒精倒在化妆棉片上，制成酒精棉片。

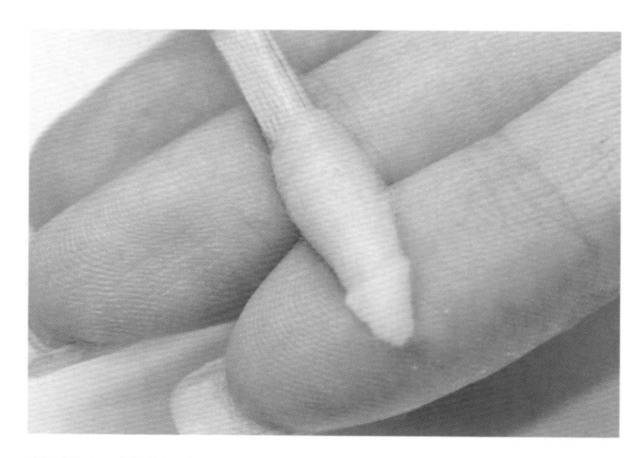

⑦将酒精棉片包裹在橘木棒的尖头，制成酒精棉棒。

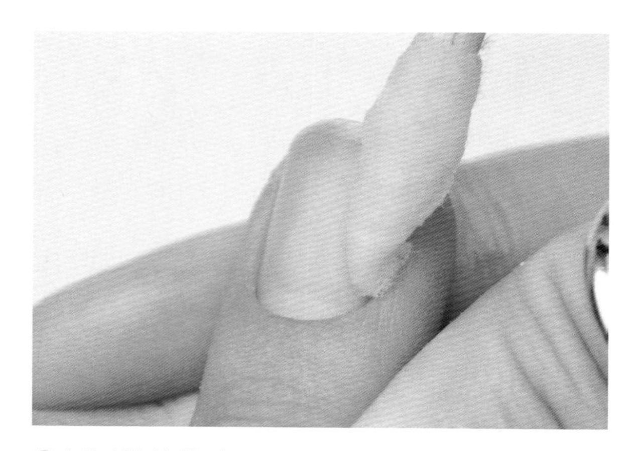

⑧用酒精棉棒清除指甲沟内的异物、油分、水分。

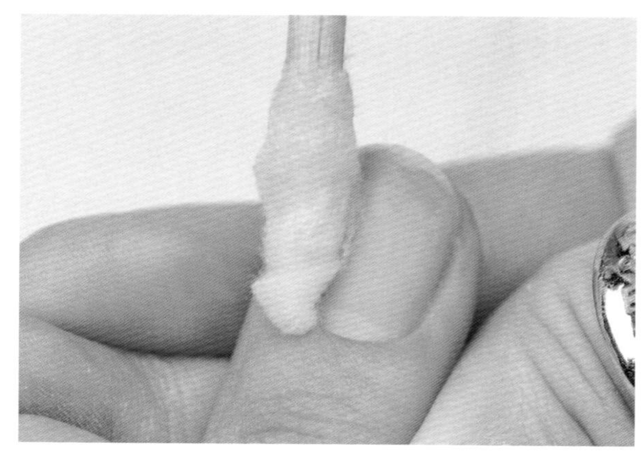

⑨再清理一下指甲的表面。

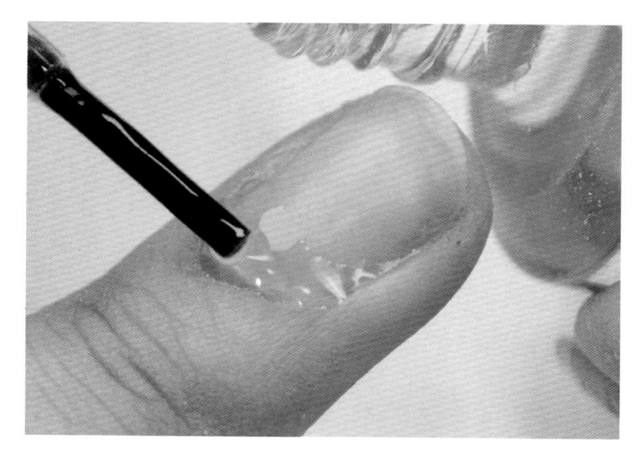

⑩清理干净后，将护甲油涂抹在指甲沟处，完成。

3.涂抹甲油胶的方法

下面以全彩涂色为例讲解涂抹甲油胶的方法。全彩涂色就是将甲油胶涂抹在整个指甲上。涂抹甲油胶时要保证指甲边缘的甲油胶的形状规整，没有涂出来或缺一块的情况。全彩涂色需要涂抹两次甲油胶，这样能使颜色更加均匀。

①在指甲上涂抹一层打底胶，灯烤30秒。

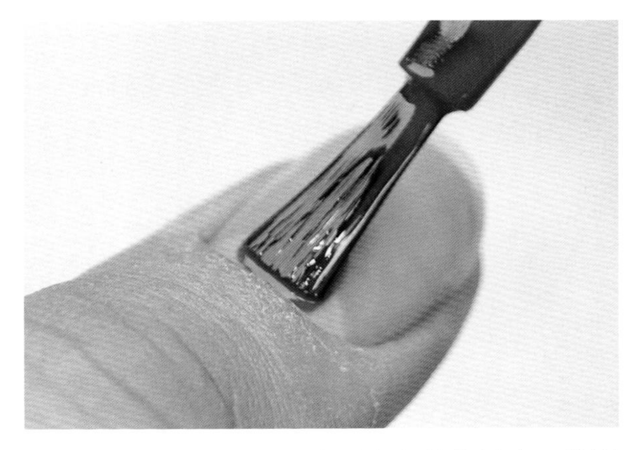

②将甲油胶的刷头对准指甲底部的指甲沟，使刷头与指甲沟线平行，轻轻按压刷头。注意：只在刷头的一面留甲油胶，将另一面上的甲油胶在甲油胶瓶的瓶口抹掉。

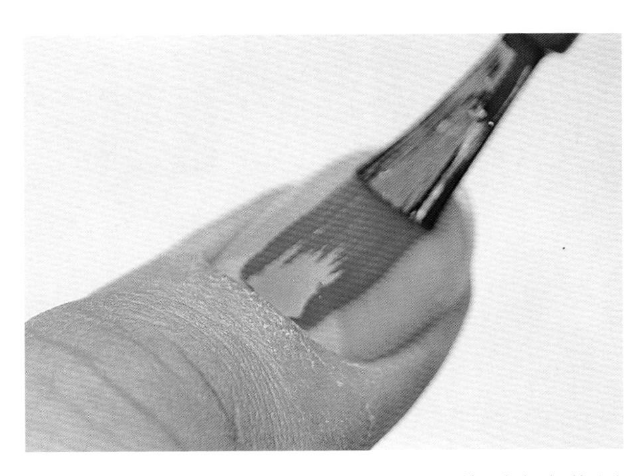

③使刷头和指甲之间呈45°，按压着刷头向指甲前方移动，涂抹指甲的中间。

④以同样的方法涂抹指甲的一侧。

⑤在步骤③④涂抹甲油胶的位置的中间再涂一次，消除两次涂抹产生的缝隙。

⑥涂抹另一侧。

⑦再涂抹一次，消除缝隙。

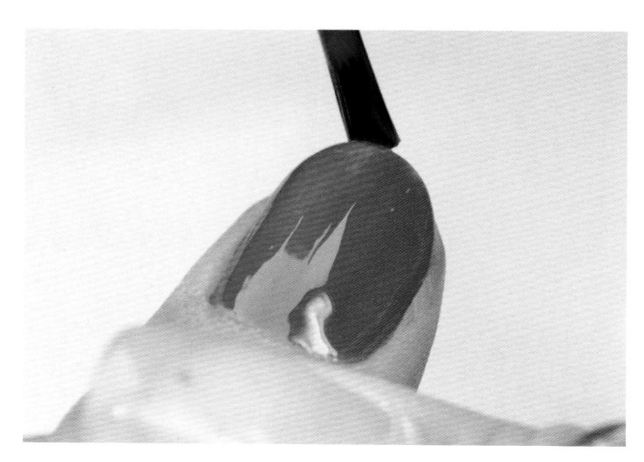

⑧使刷头与指甲前缘垂直，涂抹指甲边缘。

⑨灯烤30秒。

⑩开始涂抹第二层，先涂指甲的一侧。

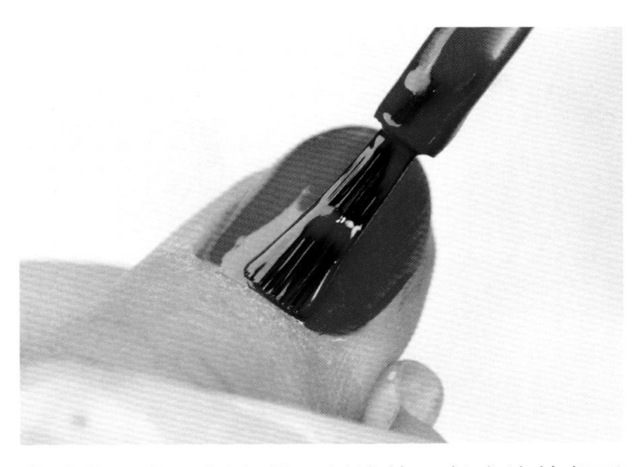

⑪从指甲的一侧向另一侧涂抹，每次涂抹都要与上一次涂抹的位置有一些重叠，这样可以消除缝隙。

⑫仔细涂抹，向指甲的另一侧移动。

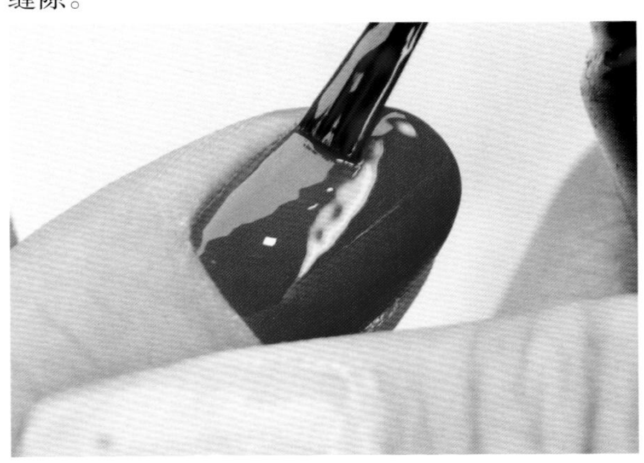

⑬涂完，灯烤30秒。

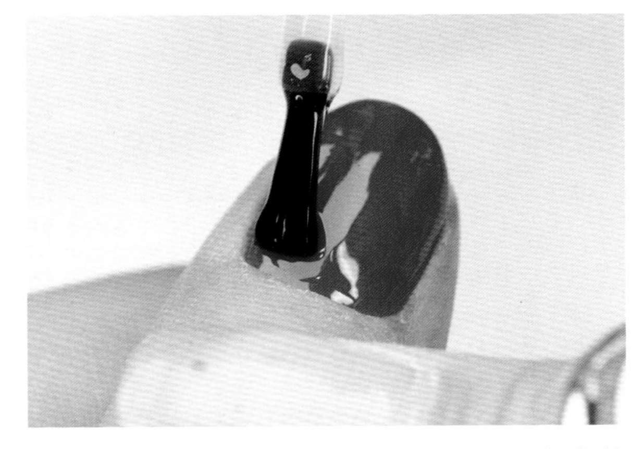

⑭像涂抹第二层甲油胶一样，从指甲的一侧向另一侧重叠着涂抹顶胶，然后灯烤30秒。

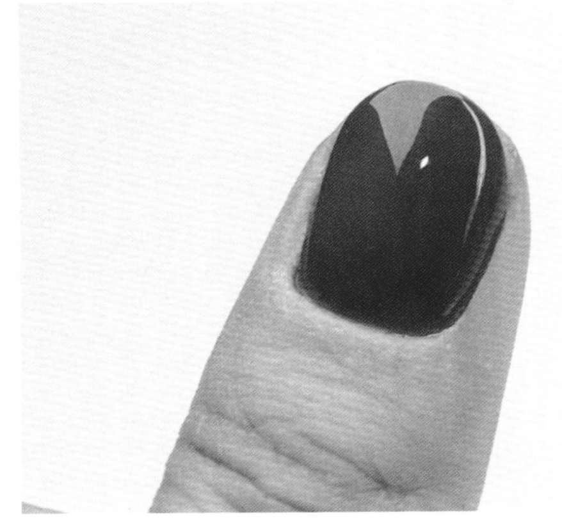

⑮完成。后面的讲解中将不再详细说明涂抹甲油胶的方法。

卸甲方法

卸甲时先用砂条打磨指甲表面，然后用卸甲油将化妆棉片浸湿后包在指甲上，等待5~10分钟。到时间后拿掉化妆棉片，用推皮棒将甲油胶推掉。

4.甲油胶颜色的含义

黑色	灰色	白色
威严、庄重、严肃、沉重、稳重、干练、忠厚、有品位	成熟、复古、平和、中立、忧郁、安宁	纯洁、朴素、正直、干净
红色	橙色	黄色
热情、兴奋、愤怒、大胆、紧张、有力量、有生命力	满足、丰富、喜悦、愉快、快乐、健康、有活力	愉快、幼稚、离别、平安、乐观、有希望、有亲和力
棕色	蓝色	粉色
诚实、干练、自然、安定、有决断力	冷静、真实、年轻、崇高、和平、知性、希望	幸福、可爱、甜蜜、青春、柔和、浪漫
紫色	藏青色	天蓝色
清秀、优雅、高贵、神秘、高尚、有艺术感	专业、完美、认真、有魄力、值得信赖	凉爽、神秘、纯洁、干净、有创造力
紫红色	绿色	
华丽、干练、高级、神秘、浪漫、有艺术感	亲切、年轻、健康、和平	

5.甲油胶颜色与肤色的搭配

白皙皮肤		黄色皮肤		深色皮肤	
✓	×	✓	×	✓	×
紫色 华丽、优雅	黑色	紫色 能够调整肤色	橙色	紫色 优雅	银色
红色 高级	藏青色	红色 活泼、动感	粉色	红色 最适合深肤色	白色
珊瑚色 亮眼	橙色	珊瑚色 年轻、健康	天蓝色	珊瑚色 偏粉的珊瑚色更好	—
金属色 自然、温和	金色	金属色 偏暗的金属色更性感	紫丁香	金属色 有品位	—
荧光色 粉色系的荧光色能够增添时尚感	黄色	荧光色 彩度高的荧光色更好，如青柠色	金色	荧光色 橙色系和黄色系的荧光色显得华丽	—
蓝色 深蓝色能够突显高级感，淡蓝色显得人更加健康	—	蓝色 深蓝色显得人更加冷傲	—	蓝色 添加亮片的深蓝色更好	—
绿色 显得人更健康	—	绿色 暗绿色能够突显高级感	—	绿色 薄荷绿色更好	—
棕色 干净	—	棕色 最适合黄色皮肤	—	棕色 巧克力色显得人更有品位	—

练习卡

尝试进行全彩涂色。

(1)第一层。

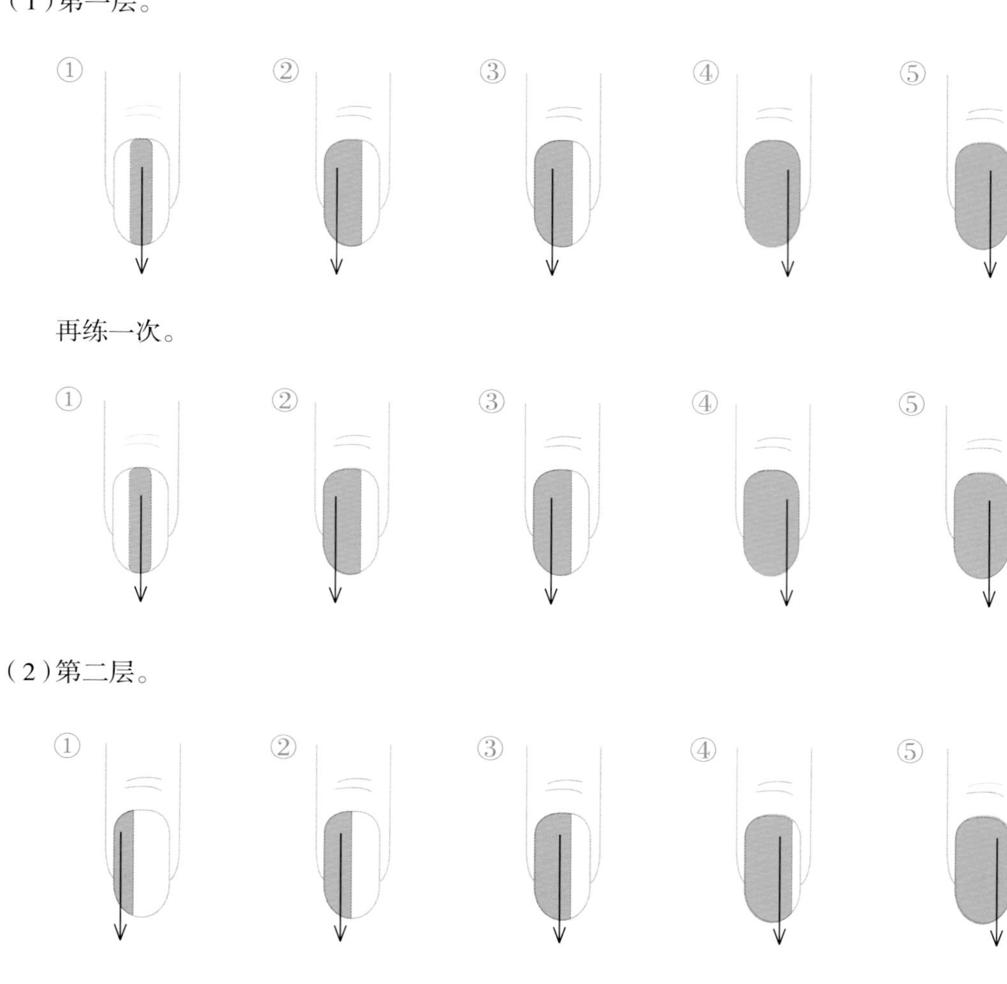

再练一次。

(2)第二层。

再练一次。

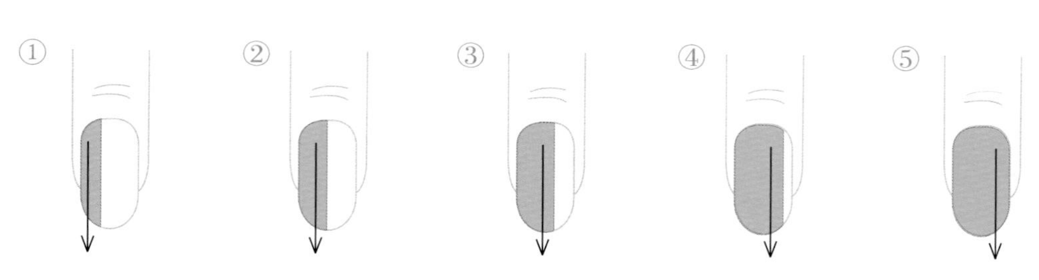

Chapter 03

第三章

花样美甲技巧

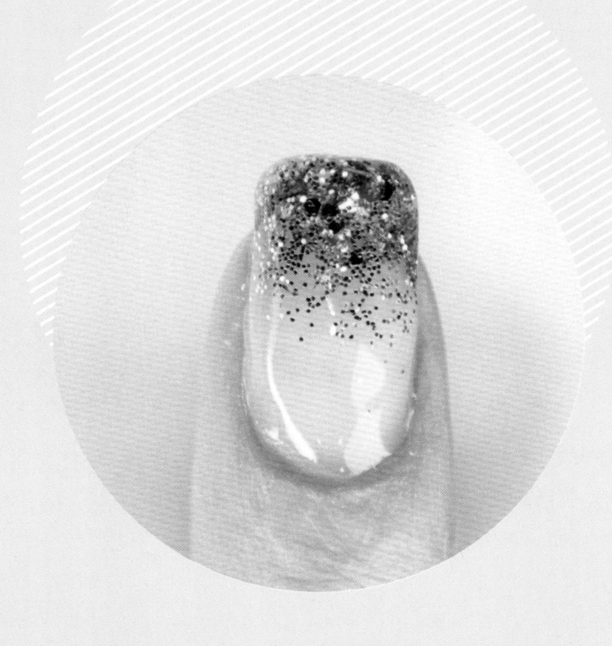

1.法式美甲

法式美甲是在指甲前端五分之一至三分之一处画出弧线，并在指甲前端涂抹甲油胶的美甲方法。传统的法式美甲只用白色甲油胶，现在的法式美甲可以用各种颜色的甲油胶，且指甲后端也可涂抹甲油胶，不一定非要保留指甲的原色。法式美甲适合方形或圆角方形的指甲。

工具：打底胶，白色甲油胶，顶胶，烤灯。

①涂抹打底胶，灯烤30秒。

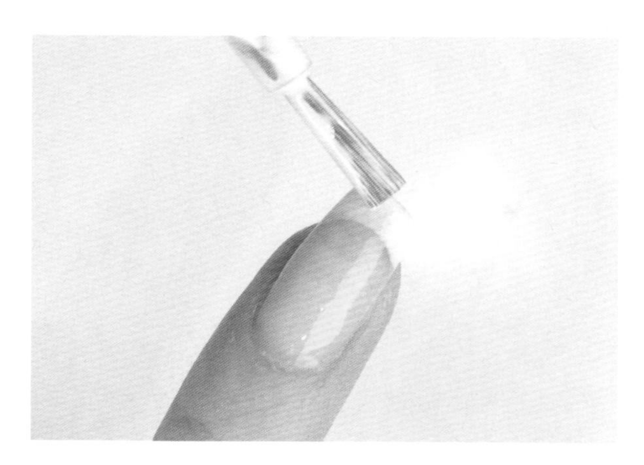

②沿着指甲的前缘线（露出指头部分），从指甲的一侧到另一侧涂抹白色甲油胶，要顺利地一次涂成，然后灯烤30秒。

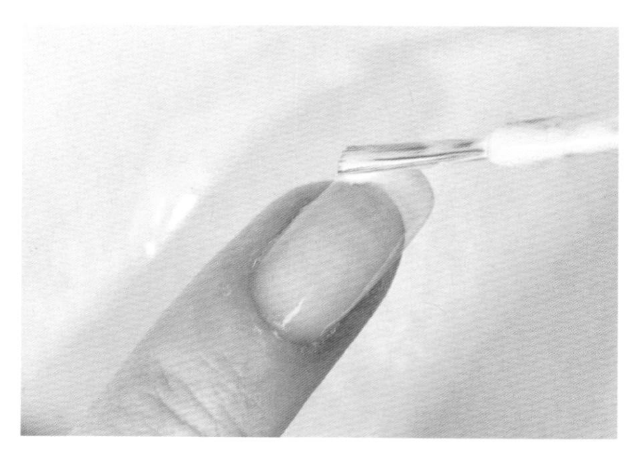

③如果涂得不够圆滑，可以先灯烤3秒，然后反向涂抹白色甲油胶，做出完美的法式线，然后灯烤30秒。

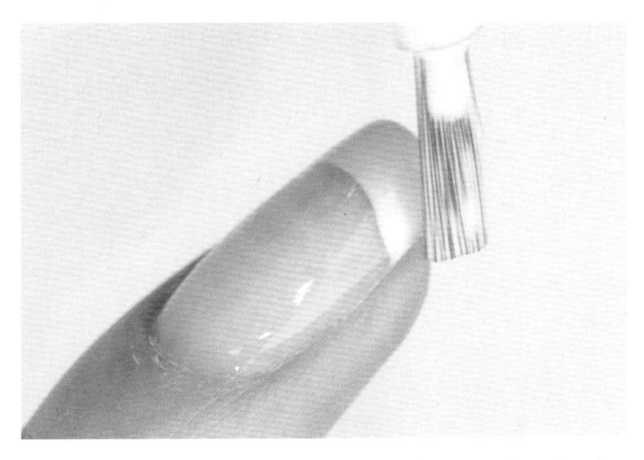

④用同样的方法涂抹第二层白色甲油胶，灯烤30秒。

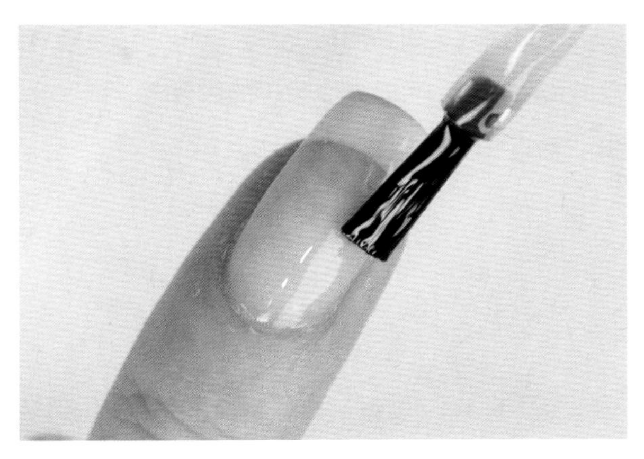

⑤涂抹顶胶，灯烤30秒。

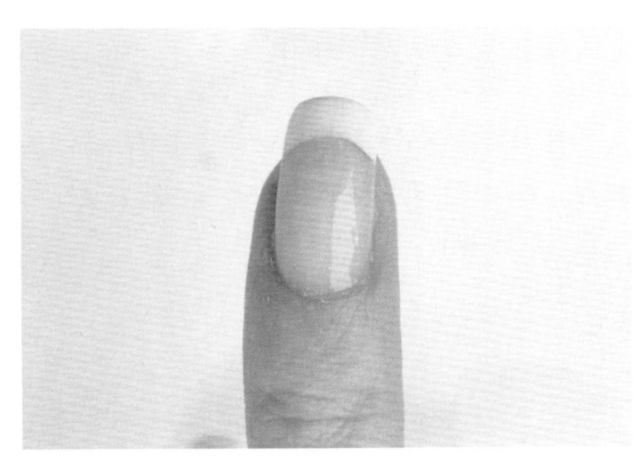

⑥完成。

法式线的位置

做法式美甲时应尽量以指甲前缘线作为法式线，但如果指甲太短，可以涂抹指甲前端的五分之一，尽量不要超过三分之一。

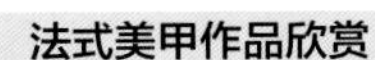

法式美甲作品欣赏

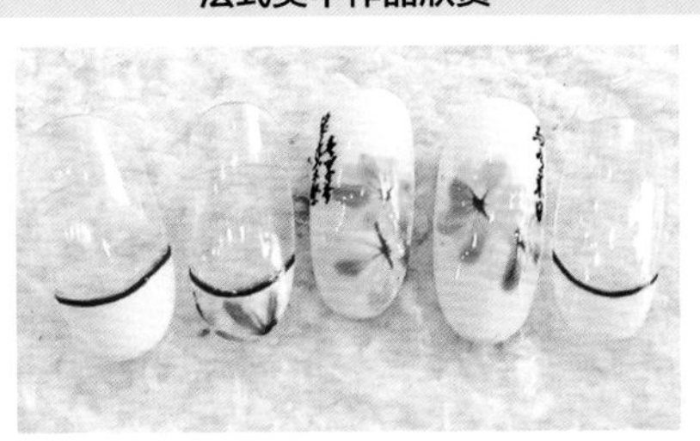

2.深度法式美甲

深度法式美甲使用的工具、美甲手法与法式美甲相同，区别在于深度法式美甲在指甲前端涂抹甲油胶的面积更大，可达整个指甲的三分之一至三分之二，法式线可直可曲。注意：深度法式美甲的法式线也一定要干净、规整。

①涂抹底打胶，灯烤30秒。

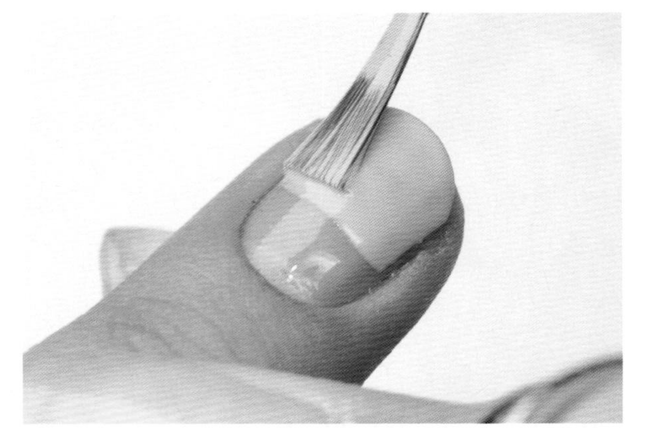

②涂抹薄荷绿色甲油胶。涂抹前先想好法式线的位置，然后用全彩涂色的方法涂抹两遍，每涂完一遍需灯烤30秒。

③涂抹顶胶，灯烤30秒。

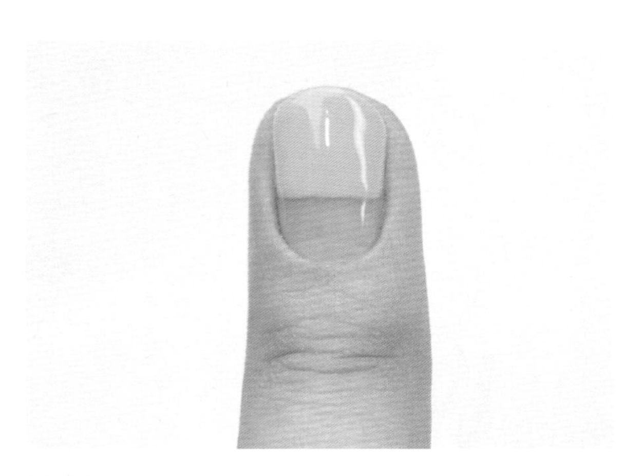

④完成。

3.层次美甲（用甲油胶刷制作）

层次美甲能够做出渐变、晕染等美甲效果。制作层次美甲时，可以用一种颜色的甲油胶，也可以用多种颜色的甲油胶或亮片甲油胶。同时，晕染、渐变的方向也是多变的，没有限制。

工具：打底胶，粉色亮片甲油胶，顶胶，烤灯。

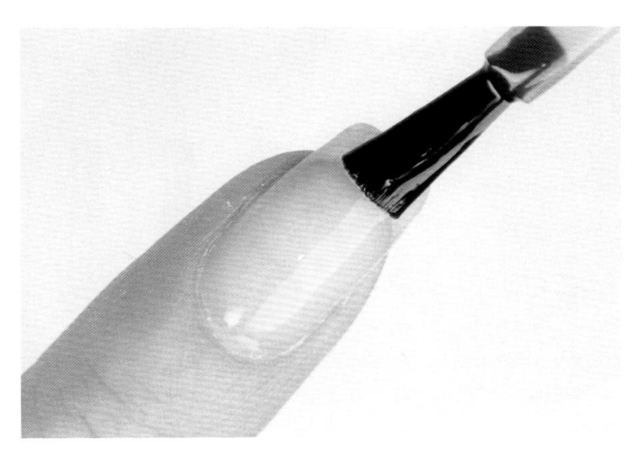

①涂抹打底胶，灯烤30秒。

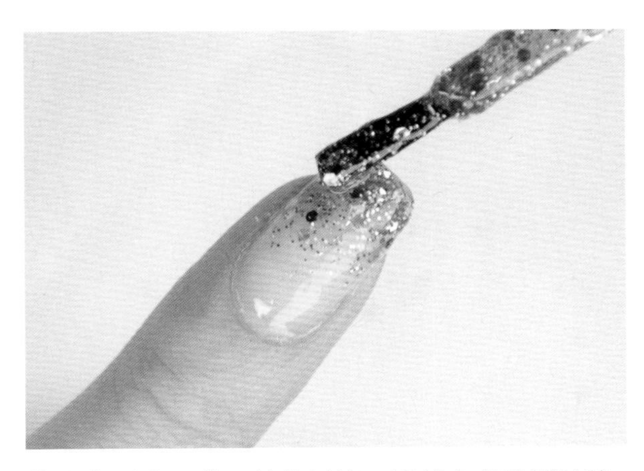

②在指甲中心偏上的位置滴一滴粉色亮片甲油胶，然后用甲油胶刷轻轻将甲油胶向指甲前端带，不要实实在在地向上刷，轻轻带过即可。重复轻带直至晕染均匀、渐变自然，然后灯烤30秒。

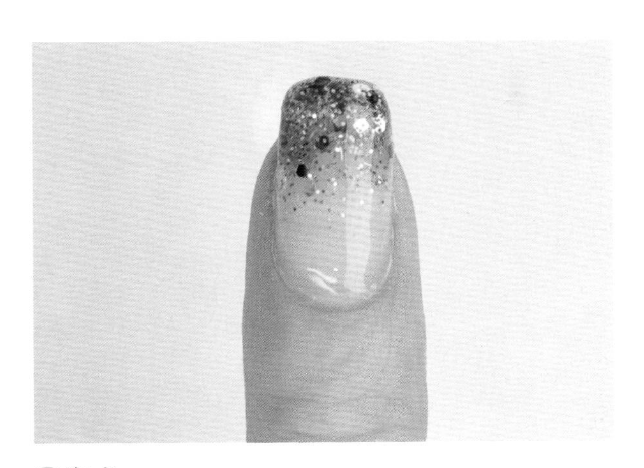

③完成。

4.层次美甲（用海绵制作）

用海绵和用甲油胶刷做出的层次美甲的效果是一样的，但用海绵更易做出多色的层次美甲。层次美甲的晕染部分在指甲长度的一半以上比较好看，晕染指甲的百分之六十是最好的。

工具：打底胶，蓝色亮片甲油胶，顶胶，海绵，烤灯。

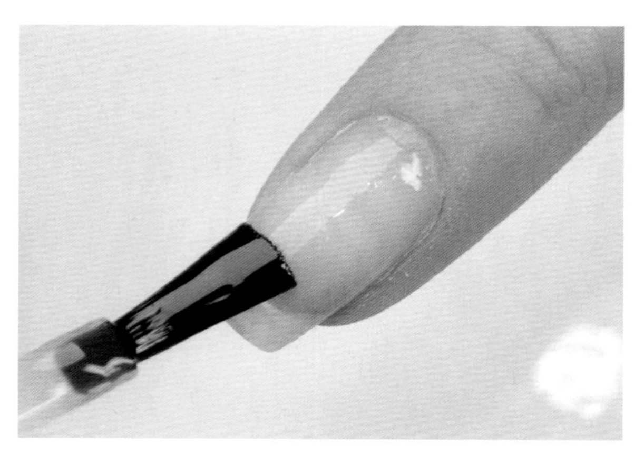

①涂抹打底胶，灯烤30秒。

②倒出一些蓝色亮片甲油胶，用海绵蘸一些。

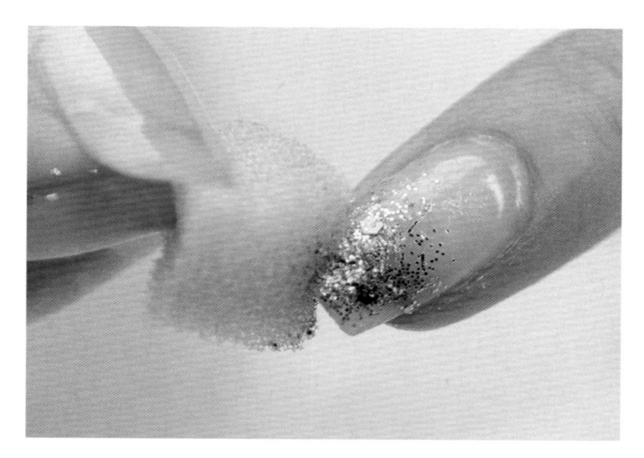

③在指甲上由前向后拍打，将甲油胶拍到指甲上，直至晕染均匀、渐变自然，然后灯烤30秒。

④用海绵再蘸一些甲油胶并以同样方法拍打指甲，但这次只拍打指甲前端，面积大约为上一次拍打涂抹的一半即可，然后灯烤30秒。

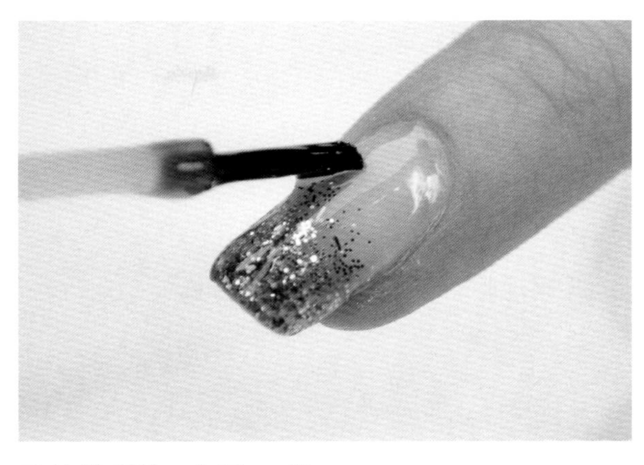

⑤涂抹顶胶，灯烤30秒。

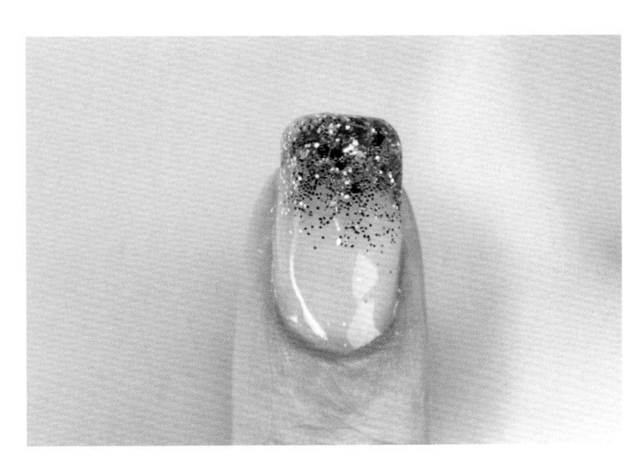

⑥完成。

多色层次美甲

制作多色层次美甲时，可以在海绵上同时涂抹上多种颜色的甲油胶，然后拍打上色。

层次美甲作品欣赏

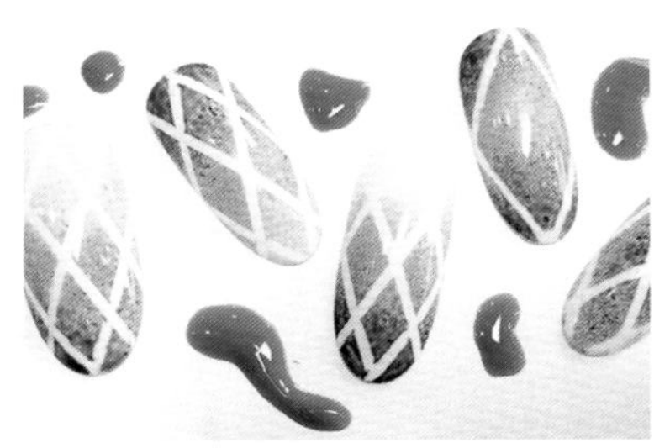

练习卡

尝试进行层次美甲。

（1）用甲油胶刷制作的单色层次美甲。

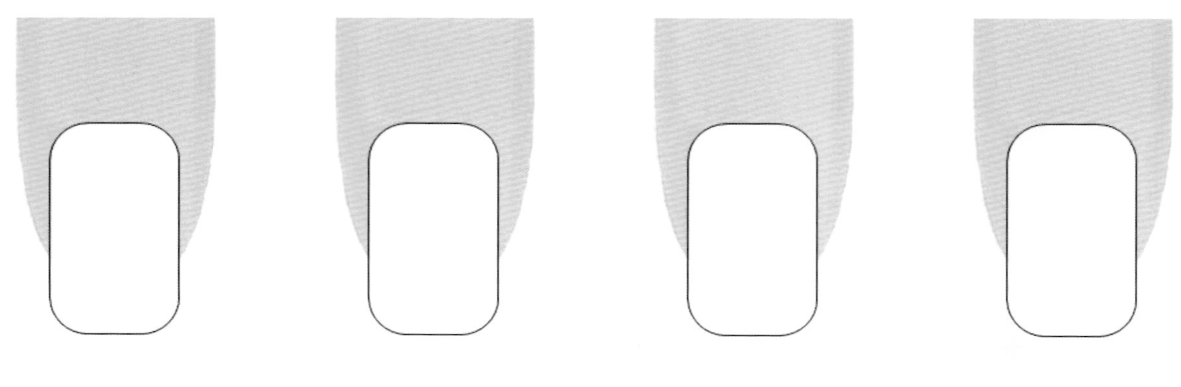

（2）用海绵制作的单色层次美甲。

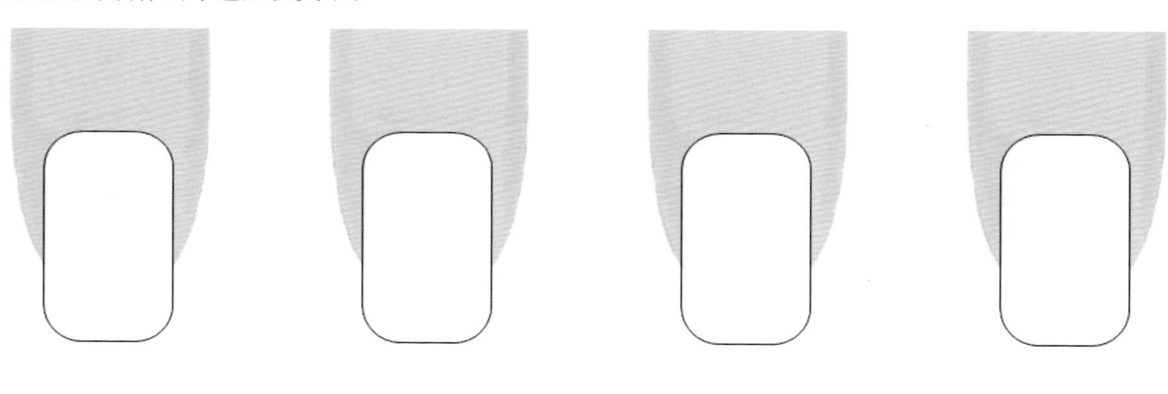

（3）用海绵制作的多色层次美甲。

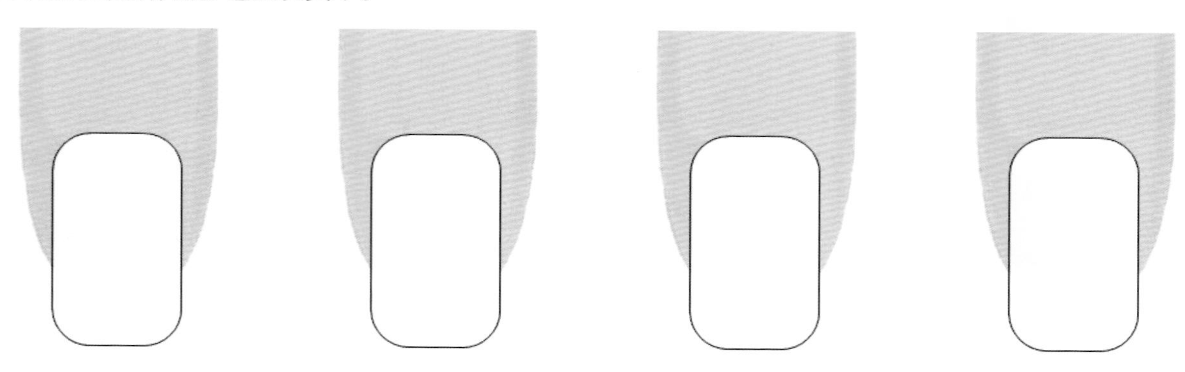

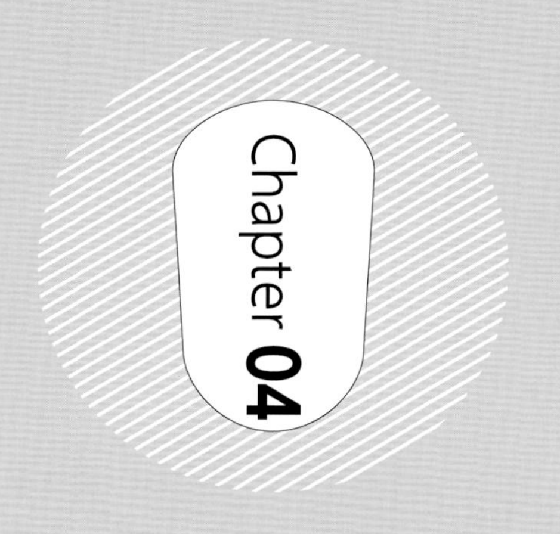

第四章

美甲技巧应用

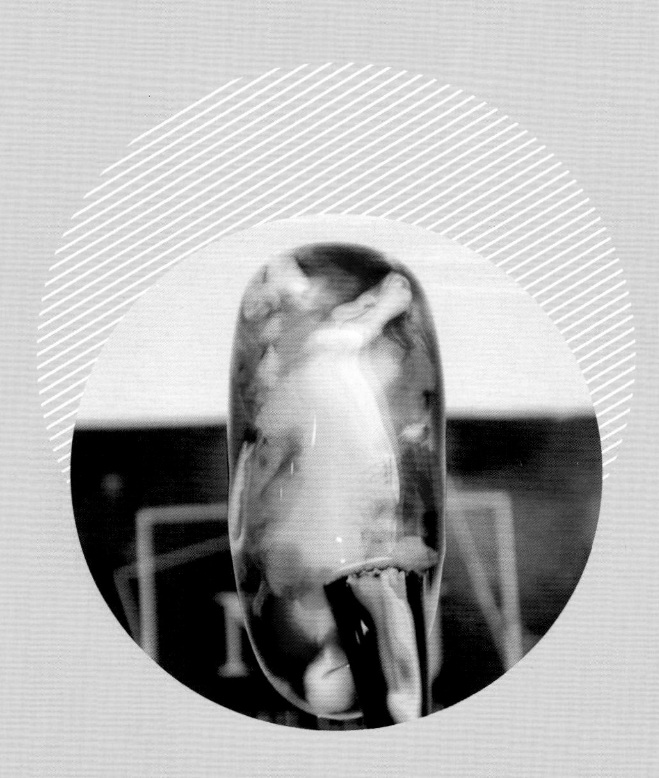

（一）色彩的运用

纯色甲油胶、亮片甲油胶的颜色非常多，仅利用甲油胶本身的颜色就可以做出丰富、绚丽的美甲。

1.空间法式美甲

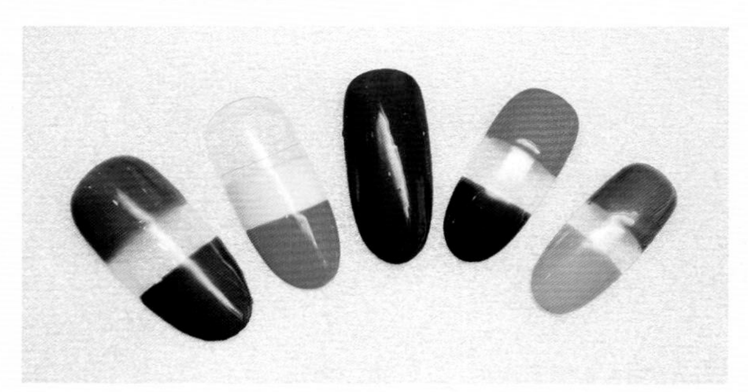

空间法式美甲是法式美甲的变化做法，是利用法式美甲的技巧绘制出多种颜色的色块，使美甲既有丰富的色彩，又有空间感、呼吸感的美甲形式。

2.大理石纹美甲

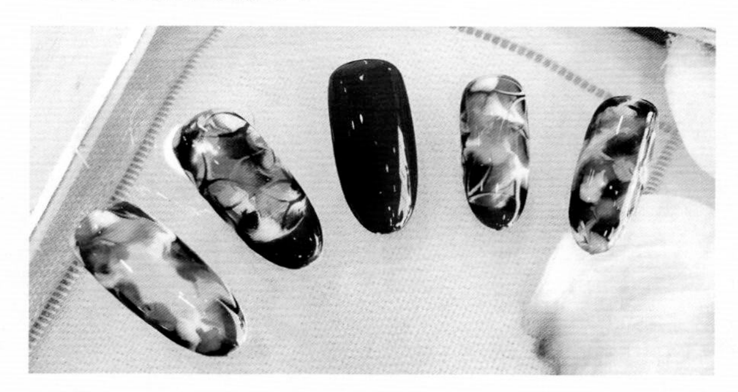

（1）撞色

大理石纹美甲是利用多种颜色的穿插做出大理石纹路的感觉的美甲。甲油胶的配色方案可以用撞色、顺色，也可以用同色系的多种颜色，不同的配色能够营造出不同的感觉。

（2）顺色

（3）同色系

1.空间法式美甲

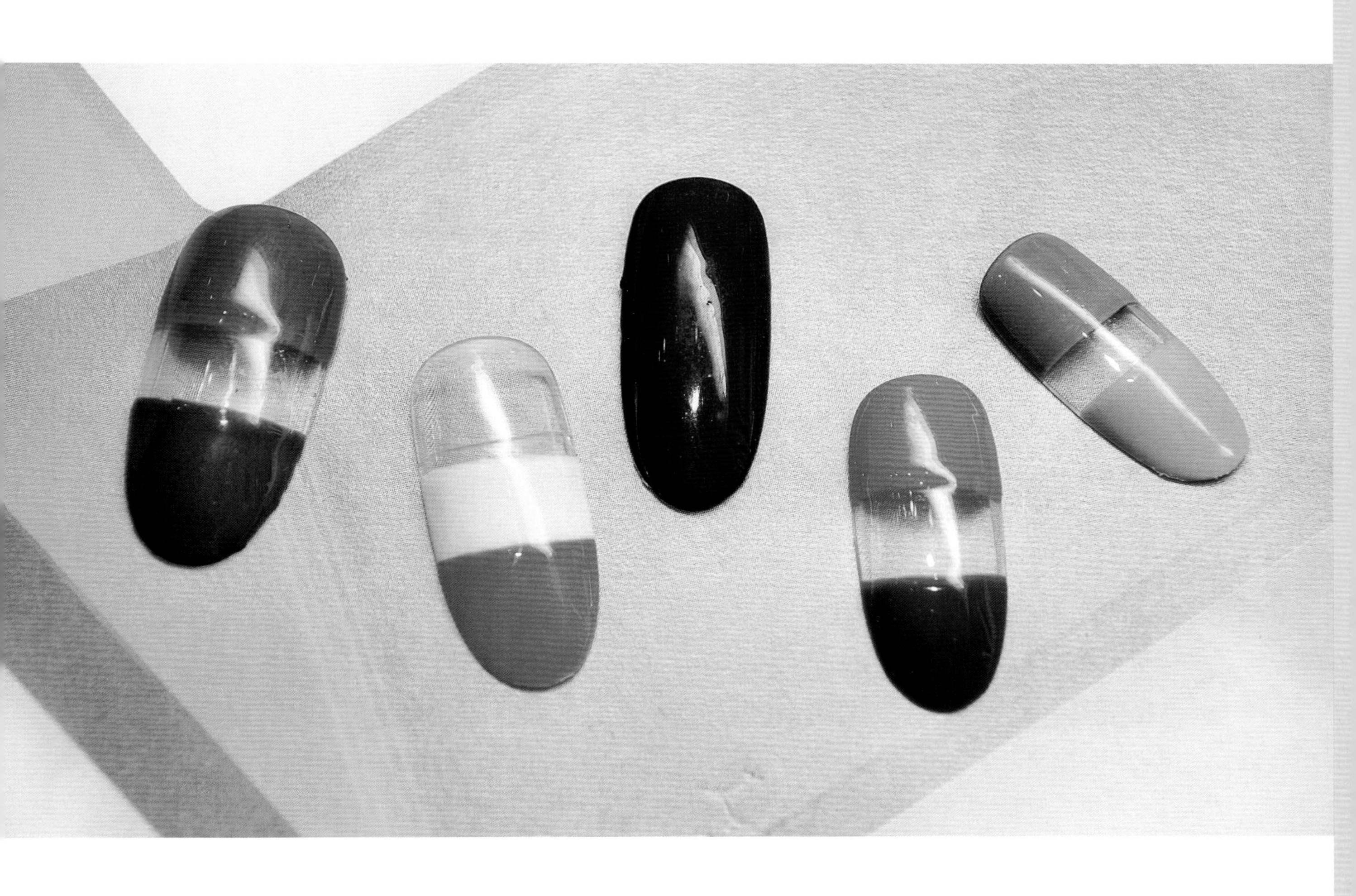

工具：打底胶，白色、橙色甲油胶，亮光顶胶，烤灯。

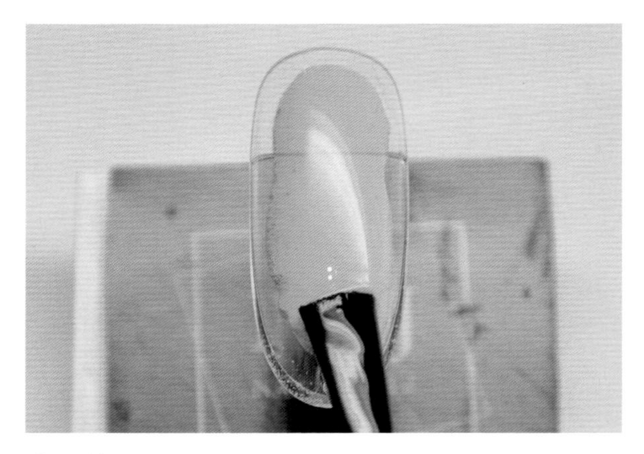

①涂抹打底胶，灯烤30秒。

②用白色甲油胶涂抹指甲前端大约二分之一，做深度法式美甲，法式线要平直，然后灯烤30秒。

③用橙色甲油胶涂抹指甲前端白色区域的大约二分之一，做法式美甲，法式线要平直，然后灯烤30秒。

④涂抹亮光顶胶，灯烤30秒。

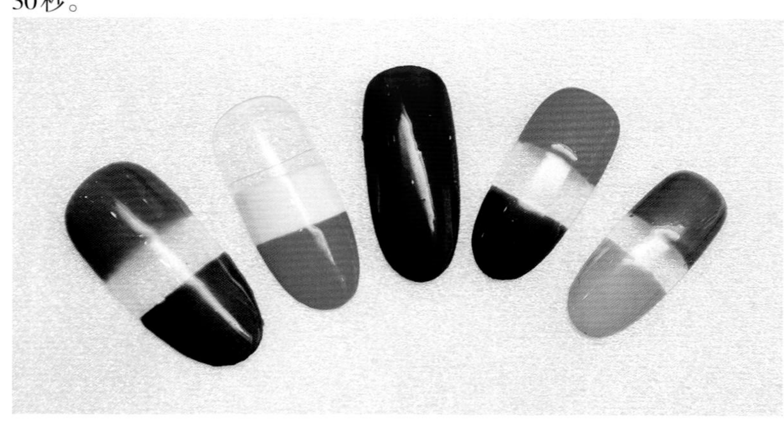

⑤完成白、橙配色的空间法式美甲。

2.大理石纹美甲

（1）撞色

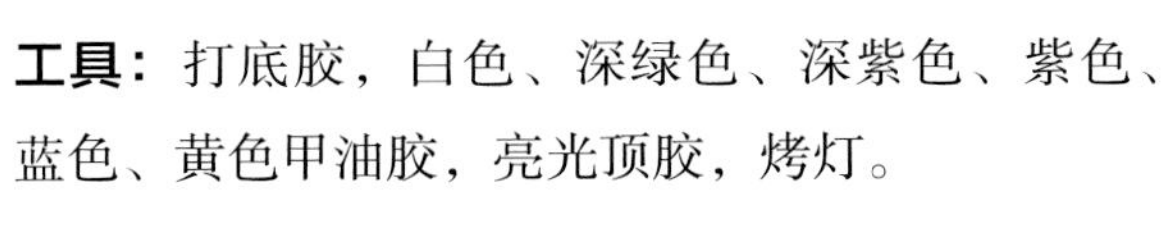

工具：打底胶，白色、深绿色、深紫色、紫色、蓝色、黄色甲油胶，亮光顶胶，烤灯。

①涂抹打底胶，灯烤30秒。

②涂抹白色甲油胶，灯烤30秒。

③薄薄地涂抹一层打底胶，不烤灯。

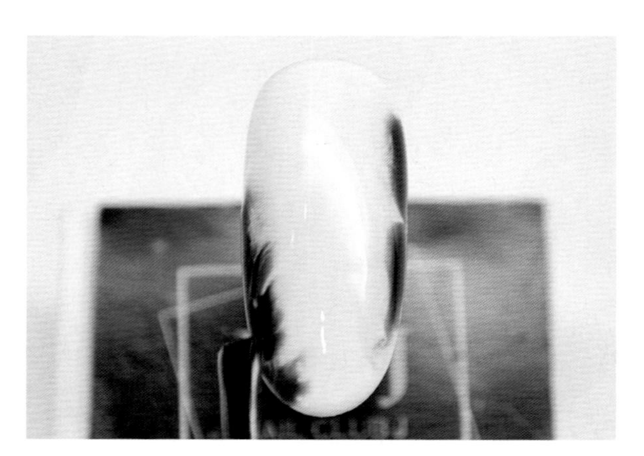

④用深绿色甲油胶在指甲外圈涂抹，不烤灯。

⑤用深紫色甲油胶在指甲外圈没有深绿色甲油胶的位置涂抹，不烤灯。

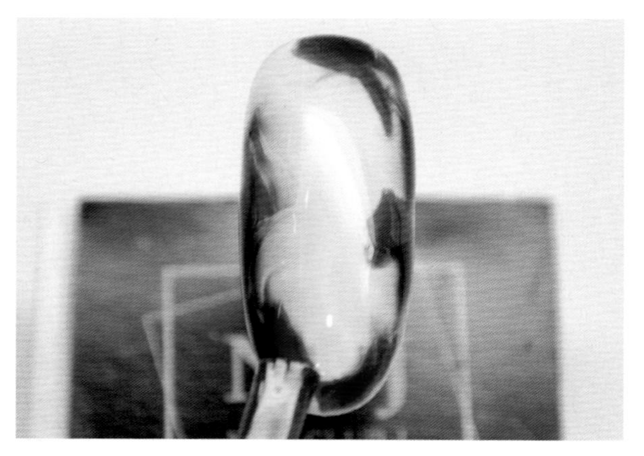

⑥用紫色甲油胶在指甲外圈的深绿色和深紫色甲油胶的空隙中涂抹，不烤灯。

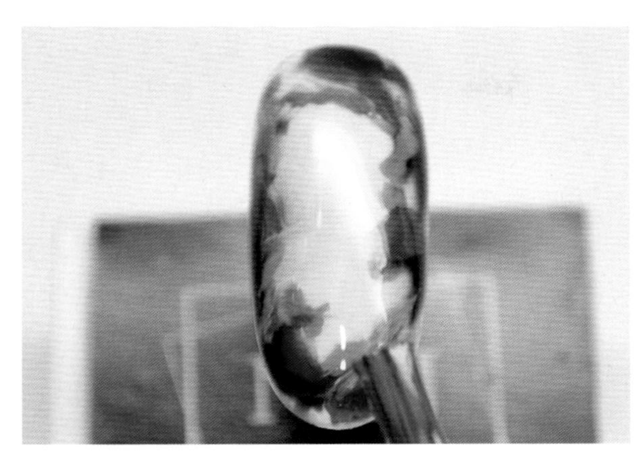

⑦用蓝色甲油胶在指甲外圈的甲油胶内侧涂抹，不烤灯。

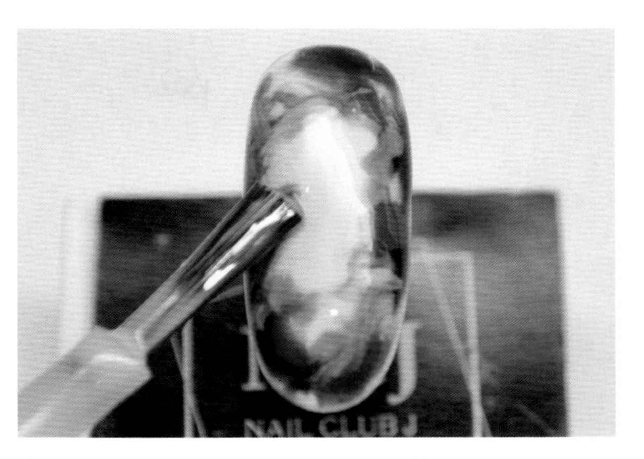

⑧同样，用黄色甲油胶在内侧涂抹，不烤灯。

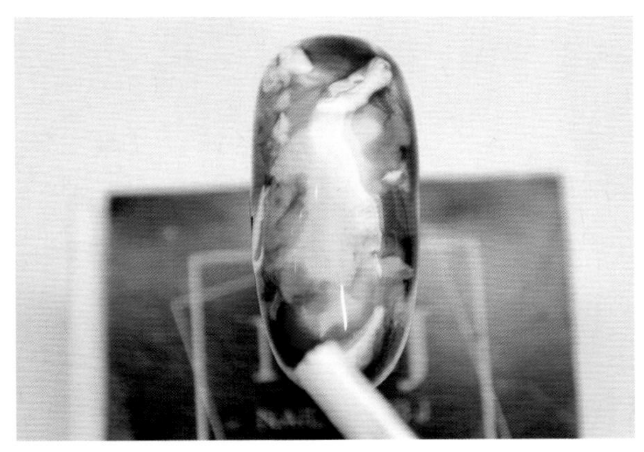

⑨用白色甲油胶在各色甲油胶之间涂抹、点缀，灯烤30秒。

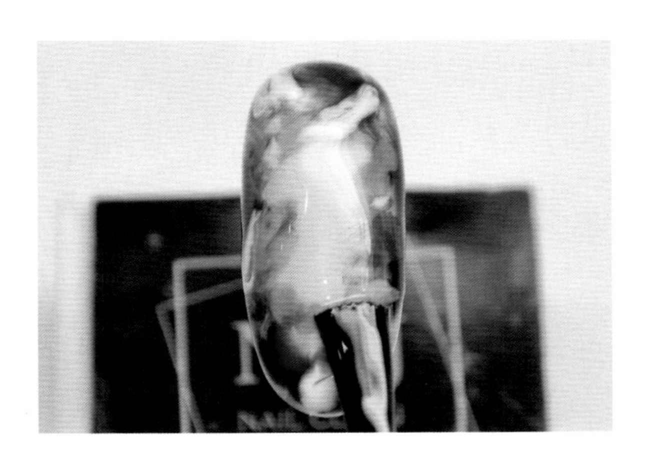

⑩涂抹亮光顶胶，灯烤30秒。

⑪完成指甲外圈为大理石纹的大理石纹美甲。

（2）顺色

扫一扫，看美甲视频。

工具：打底胶，白色、绿色、荧光绿色、黄色甲油胶，花瓣亮片甲油胶，亮光顶胶，速干胶，雕花笔，烤灯。

①涂抹打底胶，灯烤30秒。

②涂抹白色甲油胶，灯烤30秒。

③薄薄地涂抹一层打底胶，不烤灯。

④用绿色甲油胶在指甲上涂抹几下，不烤灯。

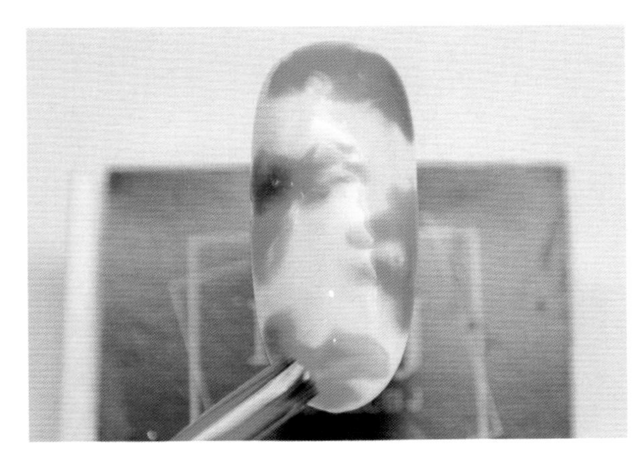

⑤用荧光绿色甲油胶在绿色甲油胶边涂抹，不烤灯。

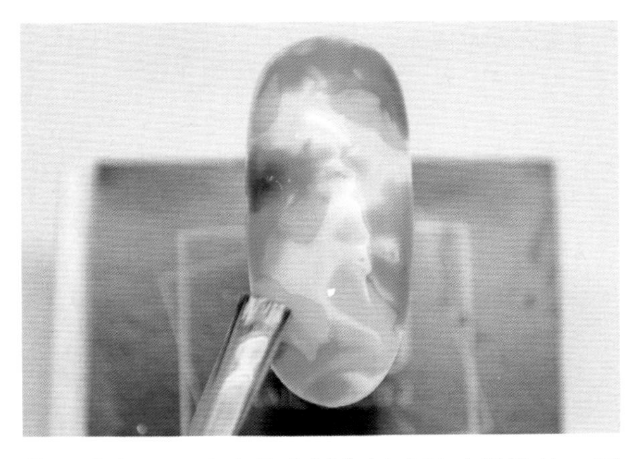

⑥用黄色甲油胶在荧光绿色甲油胶边缘涂抹，不烤灯。

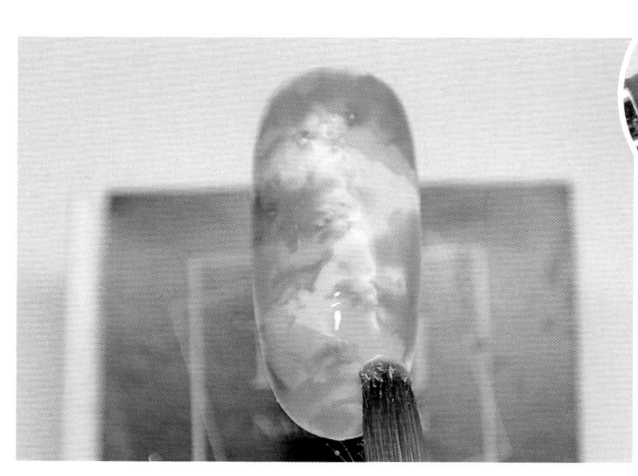

⑦用雕花笔模糊各色甲油胶之间的边界，灯烤30秒。

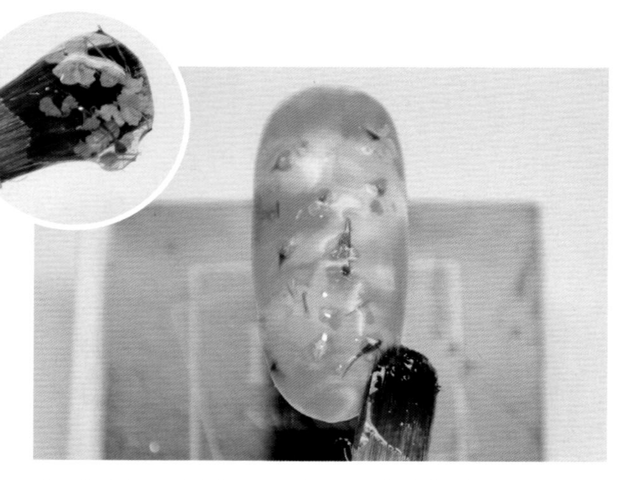

⑧用雕花笔蘸花瓣亮片甲油胶涂抹在指甲中间，灯烤30秒。

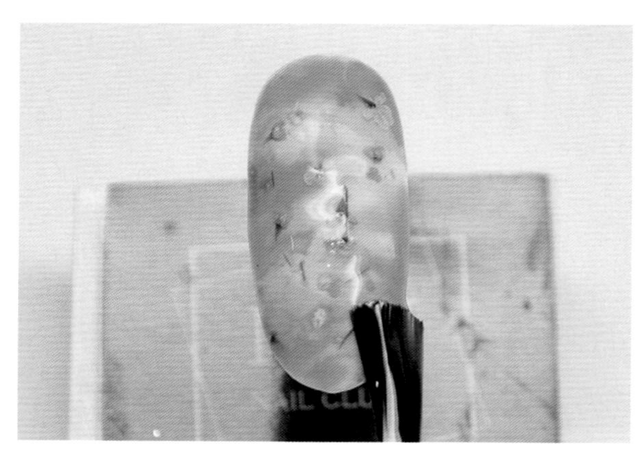

⑨涂抹亮光顶胶，灯烤30秒。

⑩将速干胶滴在指甲上做出水滴的效果，灯烤30秒。

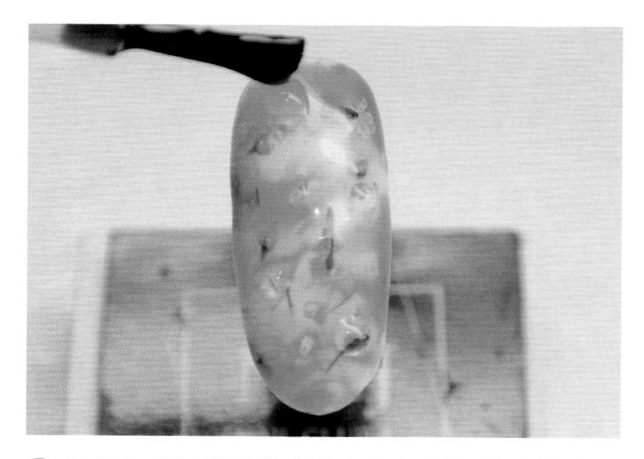

⑪在用速干胶做成的水滴上轻轻拍打着涂抹亮光顶胶，灯烤30秒。

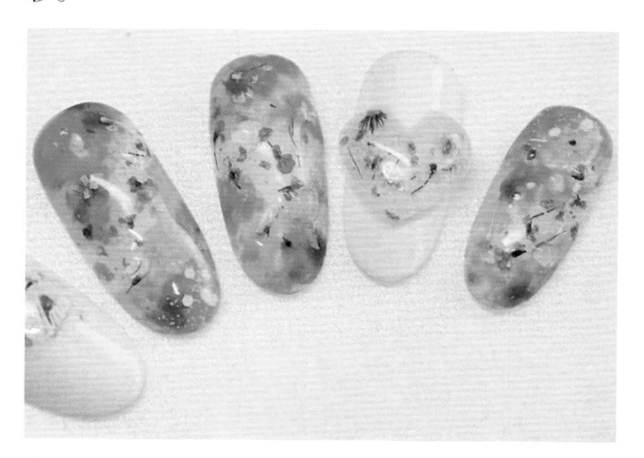

⑫完成绿色大理石纹美甲。

（3）同色系

扫一扫，看美甲视频。

工具：打底胶，白色、深绿色、绿色甲油胶，花瓣亮片甲油胶，亮光顶胶，雕花笔，美甲贴纸，镊子，烤灯。

①涂抹打底胶，灯烤30秒。

②涂抹白色甲油胶，灯烤30秒。

③薄薄地涂抹一层打底胶，不烤灯。

④用深绿色甲油胶在指甲外圈涂抹，不烤灯。

⑤用雕花笔模糊深绿色甲油胶的边缘，灯烤30秒。

⑥薄薄地涂抹一层打底胶，不烤灯。

⑦用雕花笔蘸绿色甲油胶在深绿色甲油胶的内侧涂抹，灯烤30秒。

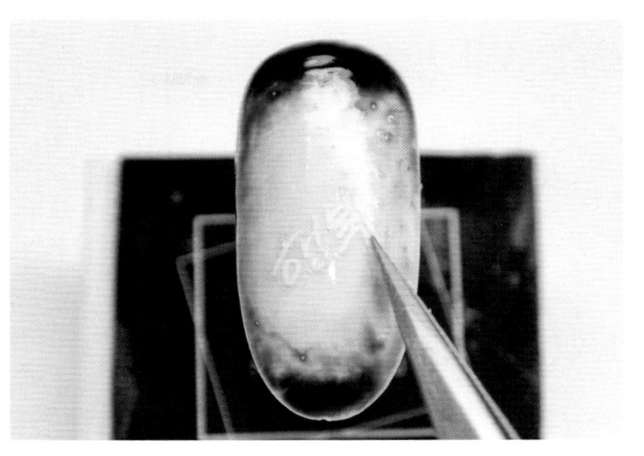

⑧用镊子夹起美甲贴纸，可随意选择自己喜欢的样式，将其贴在指甲中间。

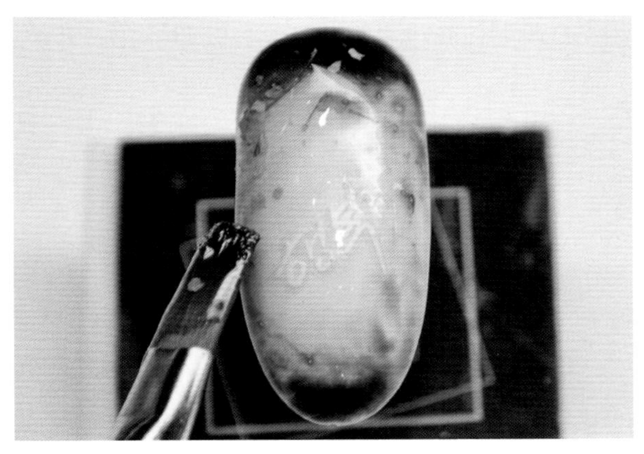

⑨用雕花笔蘸花瓣亮片甲油胶，涂抹在绿色甲油胶内侧，做出渐变的层次感，然后灯烤30秒。

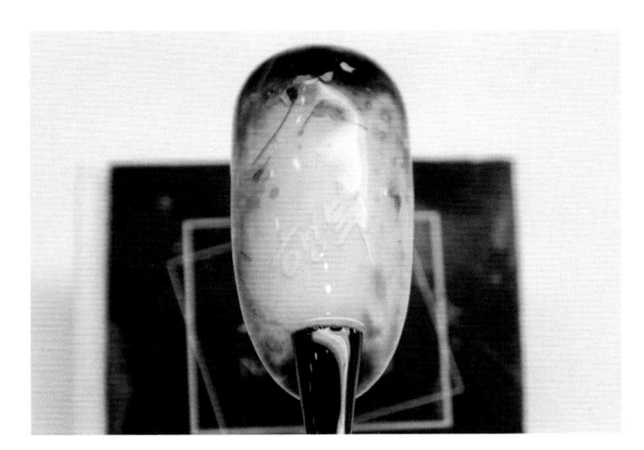

⑩涂抹亮光顶胶，灯烤30秒。

⑪完成深绿色花瓣大理石纹美甲。

（二）层次美甲

前面讲过层次美甲的方法，在这一节里，我会讲解如何在简单、基础的层次美甲上增加变化，做出渐变、过渡、磨砂感等更多美甲样式。

1.双色层次美甲

用海绵拍打上色的双色层次美甲比单色层次美甲更加丰富，做出来的效果有沙粒感。更多颜色的层次美甲的绘制方法与双色层次美甲的方法相同，只要使颜色之间的过渡自然即可。

2.渐变美甲

用甲油胶刷进行颜色的过渡也可以达到渐变的效果，而且比用海绵拍打上色做出的过渡更加自然，但难度也更大。

3.草莓美甲

（1）局部草莓

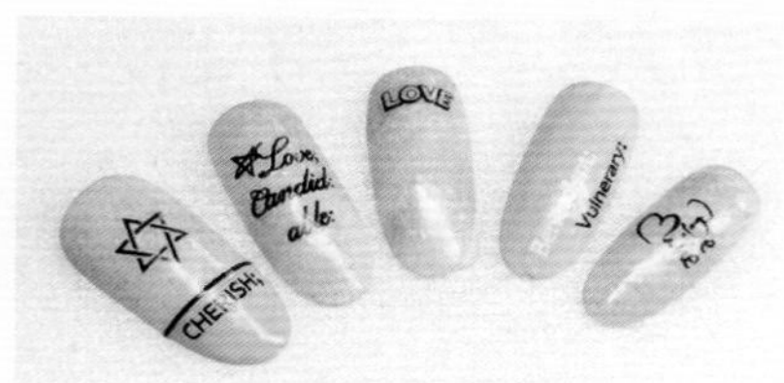

（2）星光

用海绵将多种颜色的甲油胶拍打混合可以做出像草莓表皮一样的质感。

1. 双色层次美甲

扫一扫，看美甲视频。

工具： 打底胶，白色、橄榄绿色、绿色甲油胶，亮光顶胶，细条美甲贴纸，海绵，镊子，烤灯。

①涂抹打底胶，灯烤30秒。然后涂抹白色甲油胶，灯烤30秒。

②将细条美甲贴纸贴在指甲上，贴出菱形格。

③倒出一些橄榄绿色甲油胶，用海绵蘸甲油胶拍打在指甲前端大约二分之一，做出渐变的效果，不烤灯。

④倒出一些绿色甲油胶，用海绵蘸甲油胶拍打在橄榄绿色甲油胶之上，大约在指甲前端三分之一，做出渐变的效果，不烤灯。

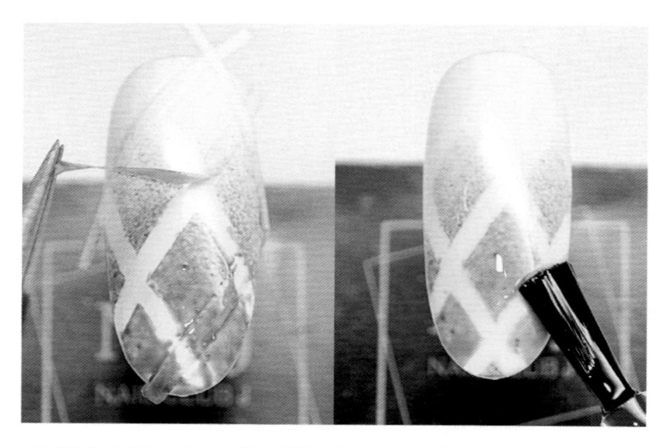

⑤用镊子把美甲贴纸撕下来，灯烤30秒。然后涂抹亮光顶胶，灯烤30秒。

⑥完成由甲指顶端向底端渐浅的双色层次美甲。

2.渐变美甲

扫一扫，看美甲视频。

工具：打底胶，浅蓝色、黄色甲油胶，亮光顶胶，美甲贴纸，镊子，烤灯。

①涂抹打底胶，灯烤30秒。

②用浅蓝色甲油胶涂抹指甲的一半，不烤灯。

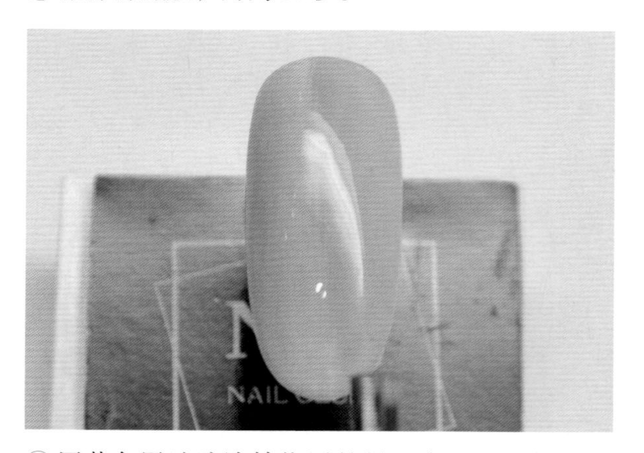

③用黄色甲油胶涂抹指甲的另一半，要从外侧慢慢向中间涂过去，并在指甲中间与浅蓝色甲油胶自然重叠，让两种颜色的甲油胶混合在一起，做出自然过渡，然后灯烤30秒。

④选择喜欢的美甲贴纸贴在指甲上进行装饰。

⑤涂抹亮光顶胶，灯烤30秒。

⑥完成蓝黄渐变的渐变美甲。

3.草莓美甲

（1）局部草莓

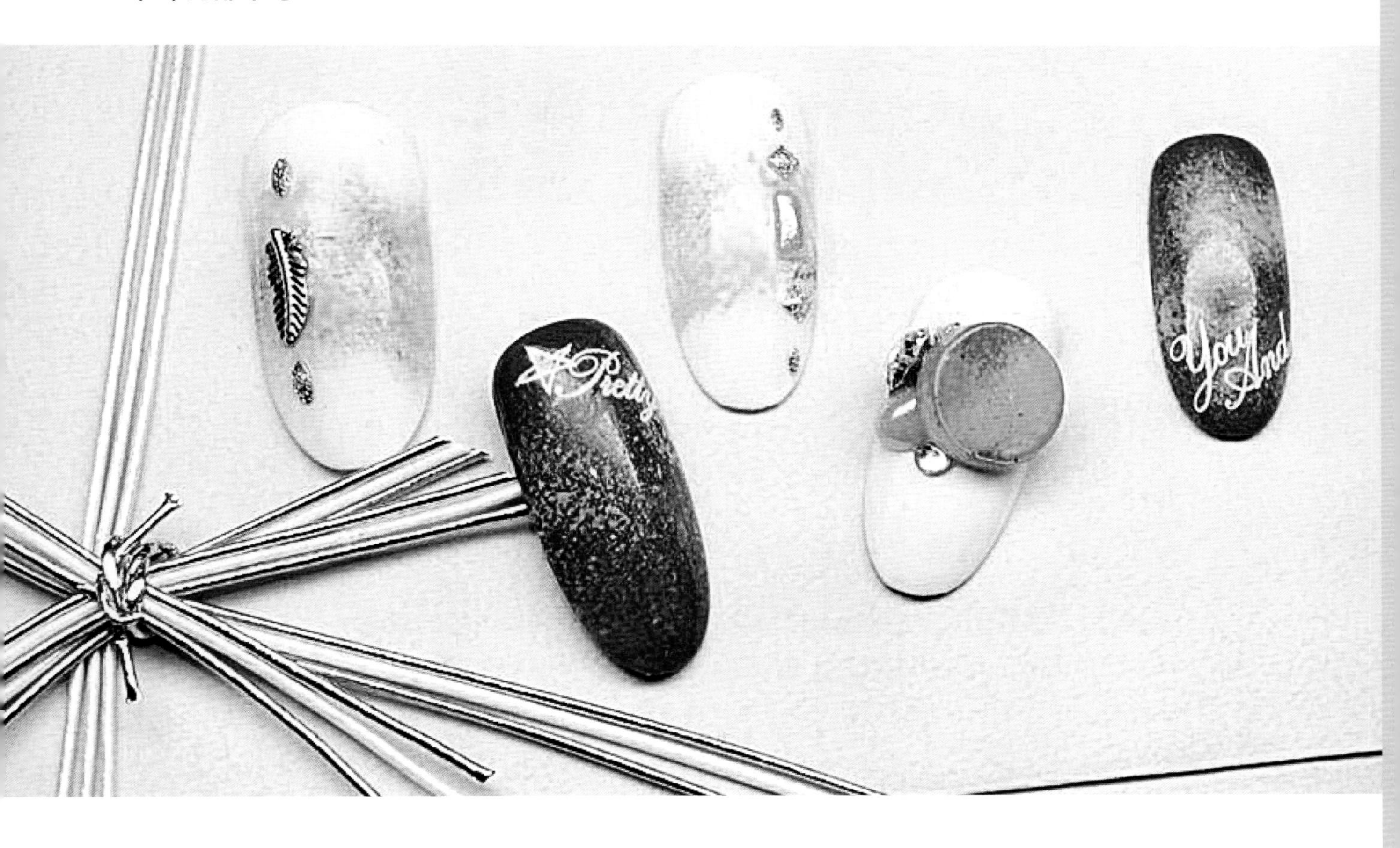

扫一扫，看美甲视频。

工具：打底胶，白色、黄色、蓝绿色、红色甲油胶，亮光顶胶，速干胶，海绵，装饰品，镊子，烤灯。

①涂抹打底胶，灯烤30秒。

②涂抹白色甲油胶，灯烤30秒。

③倒出一些黄色甲油胶，用海绵蘸甲油胶拍打上色，做成几个色块，不要成片拍打，留出指甲中心，不烤灯。

④倒出一些蓝绿色甲油胶，用海绵蘸甲油胶拍打上色，与黄色甲油胶稍重合，留出指甲中心，不烤灯。

⑤倒出一些红色甲油胶，用海绵蘸甲油胶拍打在指甲中心，与黄色、蓝绿色甲油胶稍重合，灯烤30秒。

⑥涂抹亮光顶胶，灯烤30秒。

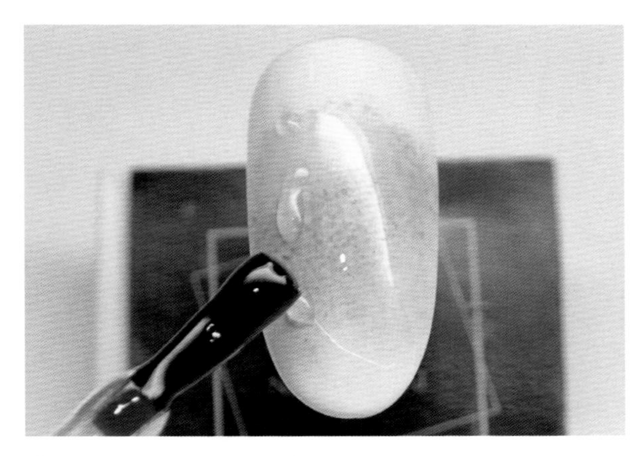

⑦在贴装饰品的位置滴速干胶。

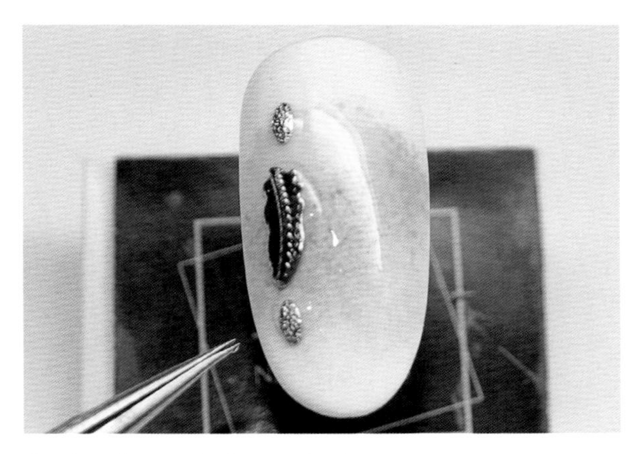

⑧贴上喜欢的装饰品，灯烤30秒。

⑨完成中心为红色的三色草莓美甲。

（2）星光

工具：打底胶，白色、深粉色、柔紫色、黄色甲油胶，亮光顶胶，海绵，美甲贴纸，镊子，烤灯。

①涂抹打底胶，灯烤30秒。

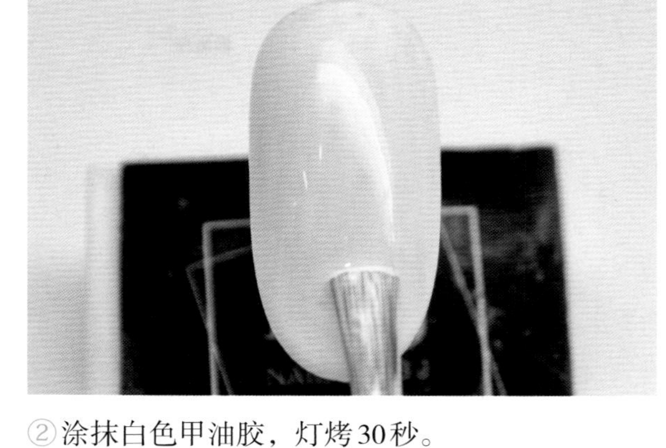

②涂抹白色甲油胶，灯烤30秒。

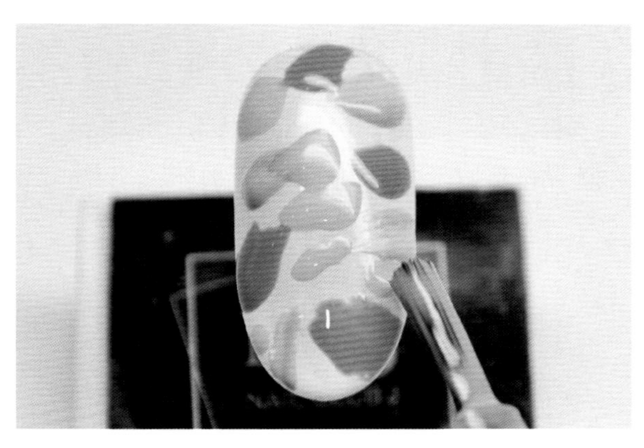

③将深粉色、柔紫色、黄色甲油胶随意点在指甲上，不烤灯。

④用海绵轻轻拍打指甲，将甲油胶混合，但不要让甲油胶混合得太均匀，要能分辨出不同颜色的甲油胶的位置，然后灯烤30秒。

⑤用柔紫色甲油胶涂抹指甲前端大约四分之一，灯烤30秒。

⑥选择喜欢的美甲贴纸贴在指甲底端，装饰草莓美甲部分。

⑦选择条形美甲贴纸贴在柔紫色甲油胶与草莓美甲分界处。

⑧选择喜欢的美甲贴纸装饰指甲前端。

⑨涂抹亮光顶胶，灯烤30秒。

⑩完成与法式美甲结合的草莓美甲。

（三）格纹美甲

巧用拉线笔和甲油胶刷，将不同宽度的线条搭配、组合，画出规整中存在变化的条纹、格纹，能给人干练、简洁、有力的感觉。我们经常提到的英伦风美甲就是以格纹图案为主的美甲。

1.条纹彩绘

用简单的线条就可以表现出层次感，这就是条纹彩绘的特点。绘制线条时运笔要慢，要尽量一笔画成，按压笔刷的力度要均匀，这样就不会出现线条粗细不均的情况。

2.格纹彩绘

（1）方格

（2）菱形格

不同形状的格纹表现出来的质感和风格完全不同，方格更规整，菱形格更优雅。不同颜色的格纹搭配上不同的装饰品，表现出来的质感和风格就更加多样了。

1.条纹彩绘

工具：打底胶，白色、深蓝色甲油胶，亮光顶胶，拉线笔，烤灯。

①涂抹打底胶，灯烤30秒。

②用白色甲油胶做一个倾斜的法式美甲，大约从指甲一侧的二分之一处开始，到指甲另一侧的顶端结束，然后灯烤30秒。

③用深蓝色甲油胶做一个对称的倾斜法式美甲，灯烤30秒。

④倒出一些深蓝色甲油胶，用拉线笔蘸甲油胶在深蓝色法式线边加一条平行的深蓝色线，灯烤30秒。

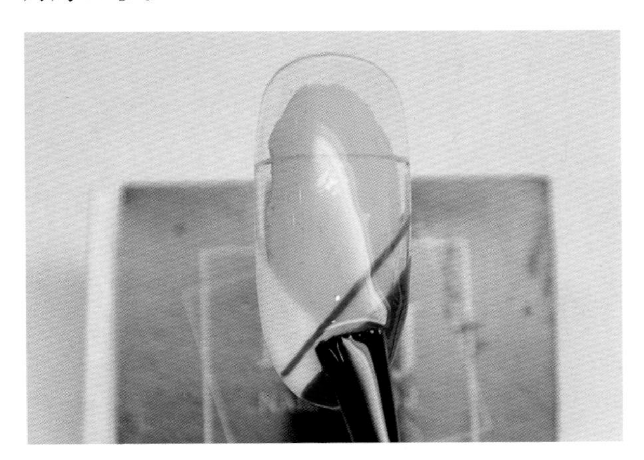

⑤涂抹亮光顶胶，灯烤30秒。

⑥完成深蓝色压白色条纹彩绘美甲。

2.格纹彩绘

（1）方格

工具：打底胶，深蓝色、白色甲油胶，亮光顶胶，速干胶，拉线笔，装饰品，镊子，烤灯。

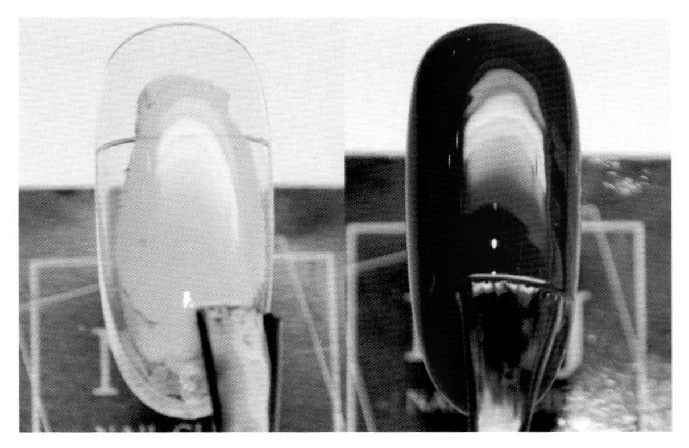

①涂抹打底胶，灯烤30秒。然后涂抹深蓝色甲油胶，灯烤30秒。

②倒出一些白色甲油胶，用拉线笔蘸甲油胶画三条竖线，其中两条靠得近一些，在指甲的一侧，另一条在指甲的另一侧，不烤灯。

③再画三条横线，两条在指甲底端，一条在指甲顶端，然后灯烤30秒。

④涂抹亮光顶胶，灯烤30秒。

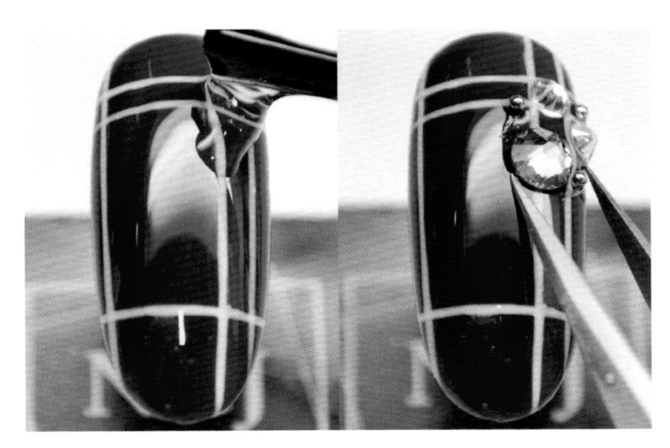

⑤在贴装饰品的位置滴速干胶。然后贴上装饰品，灯烤30秒。

⑥完成白色格纹彩绘美甲。

（2）菱形格

扫一扫，看美甲视频。

工具：打底胶，浅粉色、芥末色、深红色、金色甲油胶，亮光顶胶，速干胶，拉线笔，装饰品，镊子，烤灯。

①涂抹打底胶，灯烤30秒。

②涂抹浅粉色甲油胶，灯烤30秒。

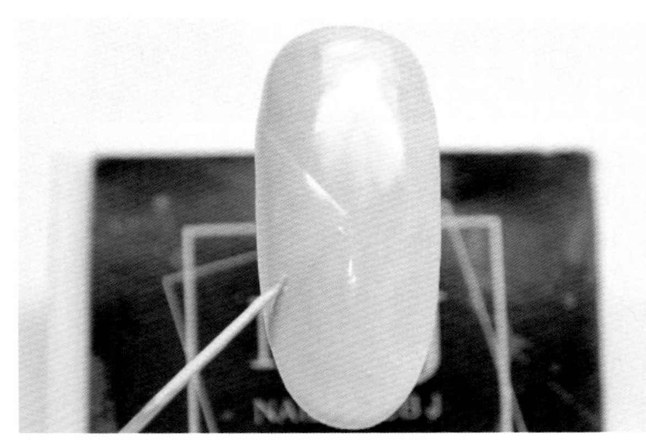

③倒出一些芥末色甲油胶，用拉线笔蘸甲油胶在指甲的一侧画一个三角形，灯烤30秒。

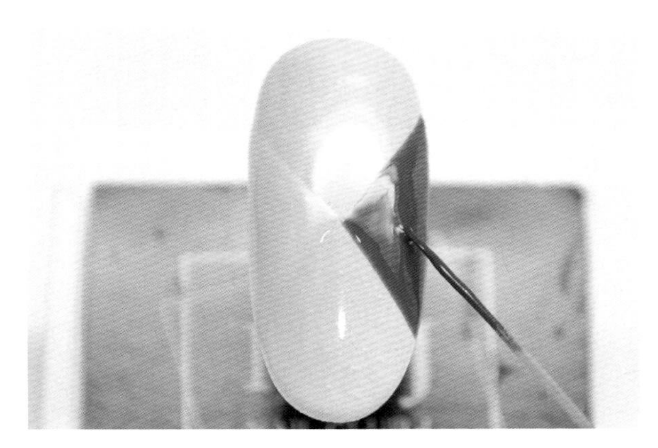

④倒出一些深红色甲油胶，用拉线笔蘸甲油胶在指甲的另一侧画一个三角形，烤灯30秒。

⑤倒出一些金色甲油胶，用拉线笔蘸甲油胶画两条平行线，分别穿过两个三角形，不烤灯。

⑥再画两条反方向的平行线，与第⑤步画的线组成一个大菱形，然后灯烤30秒。

⑦涂抹亮光顶胶，灯烤 30 秒。

⑧在贴装饰品的位置滴速干胶。

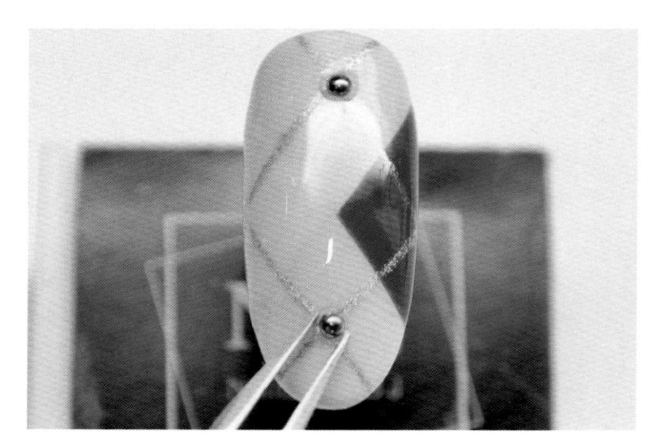

⑨贴上装饰品，灯烤 30 秒。

⑩完成大菱形格纹彩绘美甲。

（四）波点美甲

波点美甲是以大小不同、颜色不同的圆点为主要图案的美甲，风格偏可爱，有动感、有活力。做波点美甲时常用到圆点棒这个工具。圆点棒是美甲笔刷的一种，但它的刷头不是毛刷，而是金属圆球。使用时，用圆点棒顶端的圆球蘸甲油胶点在指甲上就可以形成规则、光滑的圆点了。

1.彩色波点

（1）彩虹波点

（2）柔色波点

不同颜色的波点可以表现出不同的美甲风格。同时，波点的排列方式也是表现美甲的律动感的很重要的一方面。因此，圆点的重叠、大小、分布都是做波点美甲时应注意的细节。波点美甲也可以配合装饰品、美甲贴纸等做出很多花样。

2.黑白波点

黑白波点配合划痕、水波纹等处理方式会使美甲显得很高级，有一种低调的奢华感，既不扎眼，又很有设计感，非常独特。

1.彩色波点

（1）彩虹波点

扫一扫，看美甲视频。

工具：打底胶，白色、深红色、黄色、绿色、蓝色、紫色甲油胶，亮光顶胶，圆点棒，烤灯。

①涂抹打底胶，灯烤30秒。

②涂抹白色甲油胶，灯烤30秒。

③倒出一些深红色甲油胶，用圆点棒蘸甲油胶在指甲底端画大小不一的圆点，圆点之间互不重叠，不烤灯。

④同样，在深红色圆点上面画大小不一的黄色圆点，灯烤30秒。

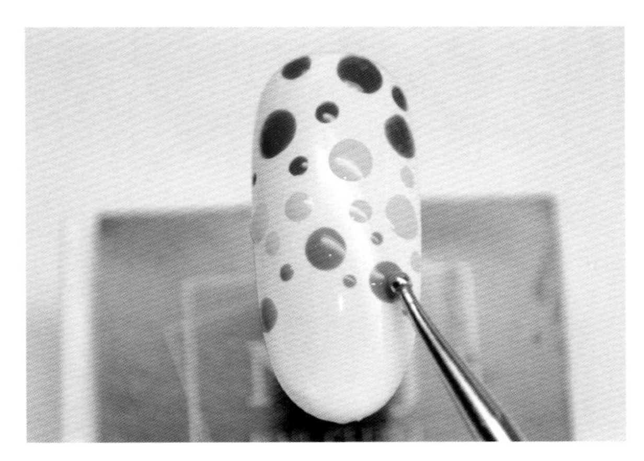

⑤同样，在黄色圆点上面画大小不一的绿色圆点，不烤灯。

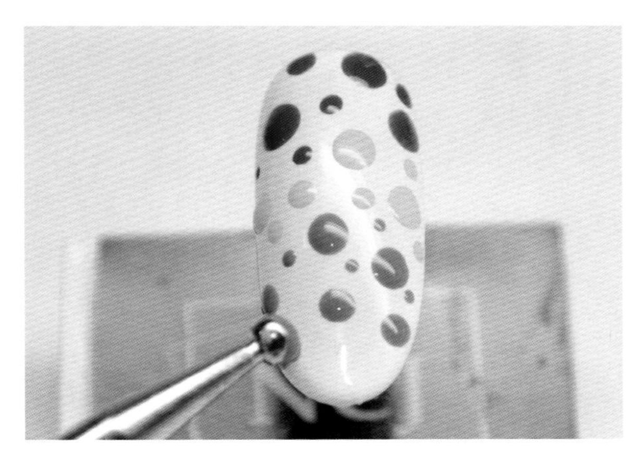

⑥之后画蓝色圆点，不烤灯。

⑦最后画紫色圆点，灯烤30秒。

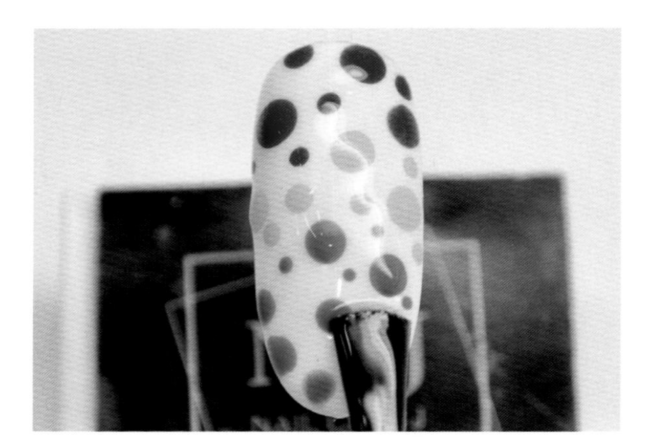

⑧涂抹亮光顶胶，灯烤30秒。

⑨完成彩色波点美甲。

（2）柔色波点

扫一扫，看美甲视频。

工具：打底胶，柔黄色、黄色、浅蓝色、荧光粉色、白色甲油胶，亮光顶胶，圆点棒，美甲贴纸，镊子，烤灯。

①涂抹打底胶，灯烤30秒。

②涂抹柔黄色甲油胶，灯烤30秒。

③倒出一些黄色甲油胶，用圆点棒蘸甲油胶在指甲上随意画几个大小不一的圆点，留出指甲中间，不烤灯。

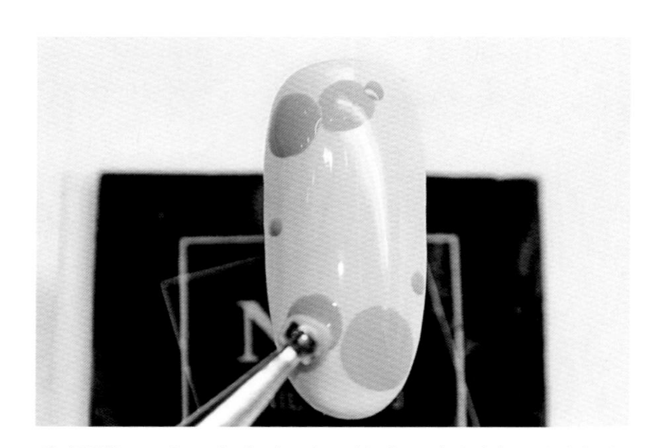

④同样，画几个大小不一的浅蓝色圆点，圆点之间可以重叠，然后灯烤30秒。

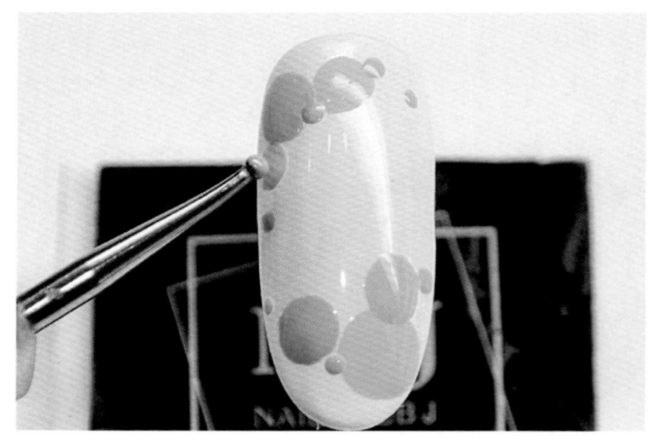

⑤之后画几个荧光粉色圆点，不烤灯。

⑥最后画几个白色圆点，灯烤30秒。

⑦选择喜欢的美甲贴纸贴在指甲中间。

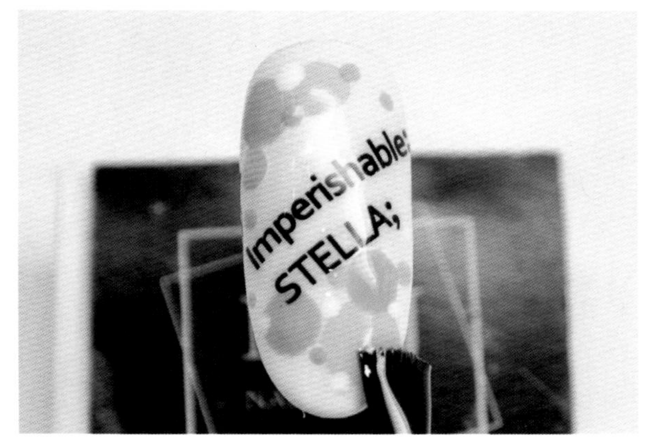

⑧涂抹亮光顶胶，灯烤30秒。

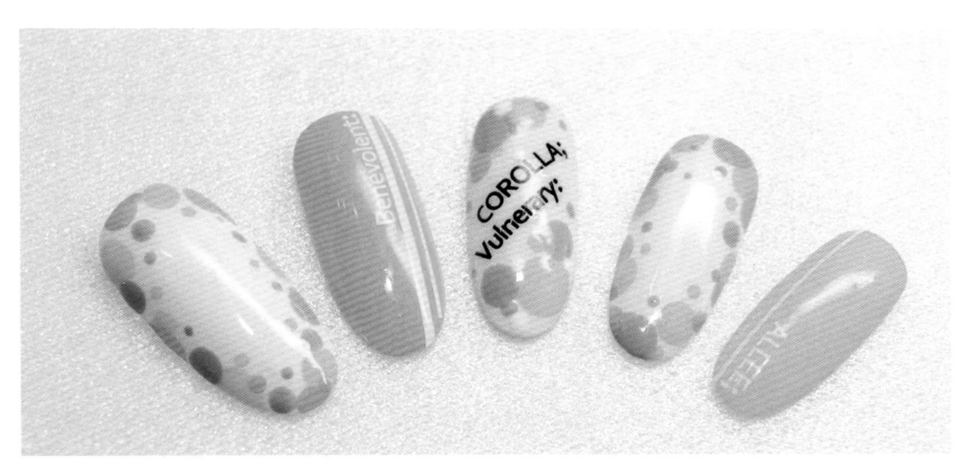

⑨完成与美甲贴纸搭配的彩色波点美甲。注意：美甲贴纸可以随自己喜爱挑选，我制作了两款使用不同贴纸的彩色波点美甲。

2.黑色波点

扫一扫，看美甲视频。

工具：打底胶，白色、灰色、深灰色、黑色、银色甲油胶，亮光顶胶，圆点棒，扇形笔，拉线笔，海绵，烤灯。

①涂抹打底胶，灯烤30秒。

②薄薄地涂抹一层打底胶，不烤灯。

③薄薄地涂抹一层白色甲油胶，使其与打底胶混合在一起，然后灯烤30秒。

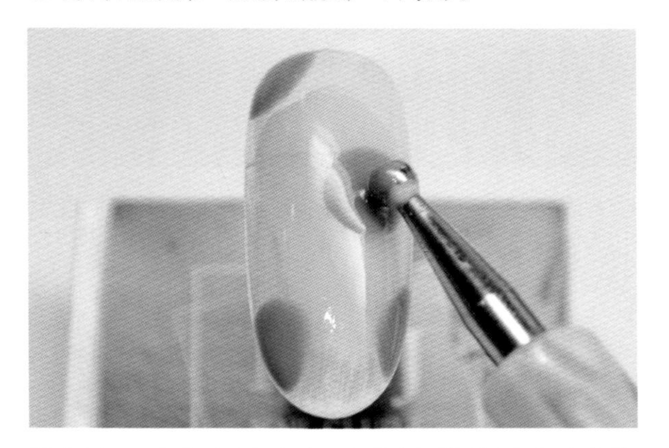

④倒出一些灰色甲油胶，用圆点棒蘸甲油胶在指甲上先画一个圆点，不要抬起，慢慢滚动圆点棒，将其扩大成一个大圆形，并用此方法多画几个大圆形，然后灯烤30秒。

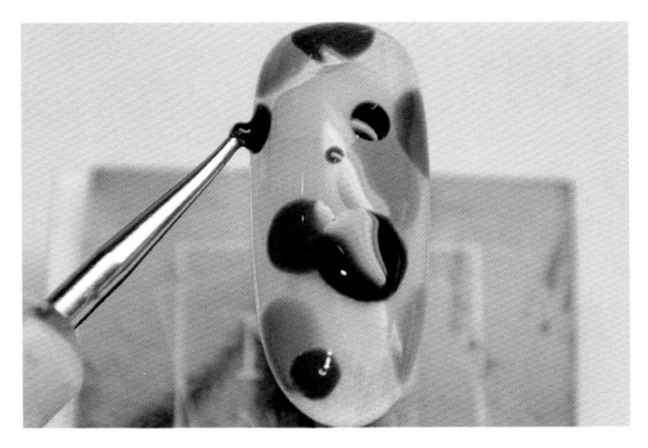

⑤同样，画几个深灰色和黑色的大小不一的圆形，使它们相互重叠，然后灯烤30秒。

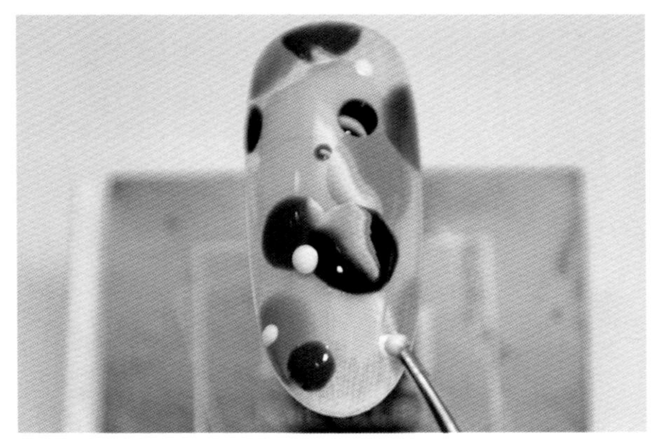

⑥之后画几个白色圆点，灯烤30秒。

⑦用扇形笔蘸白色甲油胶，不要蘸太多，在指甲上轻扫，刷出“划痕”，然后灯烤30秒。

⑧倒出一些银色甲油胶，用拉线笔蘸甲油胶沿甲指边缘描边，灯烤30秒。

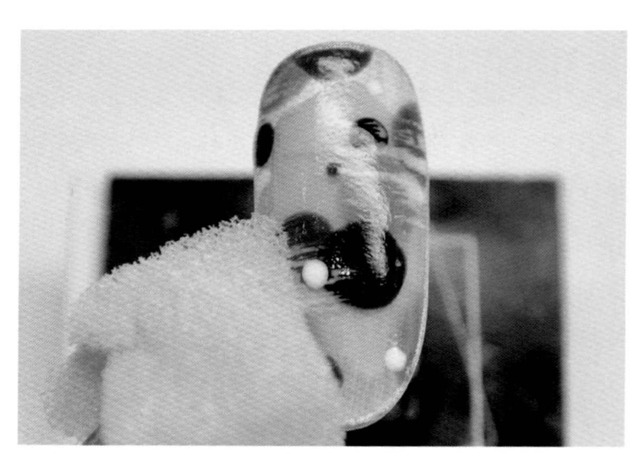

⑨在指甲上滴一滴亮光顶胶，用海绵拍打着将其涂抹开，然后灯烤30秒。

⑩完成整个指甲带有划痕的黑白波点美甲。

（五）动物皮毛美甲

动物皮毛上的纹路经常被设计师用于时尚产品，因为它既野性又有一定的规律，非常高级。下面我会介绍豹纹和斑马纹的画法，并分别介绍它们的基础画法、彩色画法和新式画法。

1.豹纹

（1）基础豹纹　　（2）粉红豹纹　　（3）都市豹纹

画豹纹时要先将笔尖立起，下笔后再按压笔刷形成豹纹的中心，最后用笔尖勾勒边框。

2.斑马纹

（1）基础斑马纹　　（2）玫瑰斑马纹　　（3）时尚斑马纹

画斑马纹时需要将每条条纹都画成两头尖，中间粗的样子。

1.豹纹

（1）基础豹纹

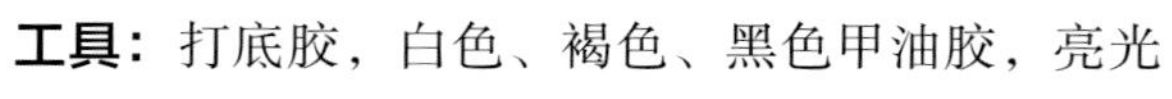

工具：打底胶，白色、褐色、黑色甲油胶，亮光顶胶，雕花笔，圆点棒，烤灯。

①涂抹打底胶，灯烤30秒。

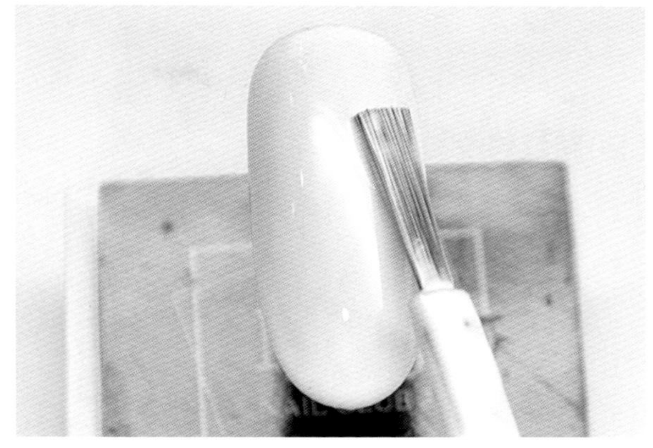

②涂抹白色甲油胶，灯烤30秒。

③倒出一些褐色甲油胶，用雕花笔蘸甲油胶在指甲上画出斑点的中心，多画几个，形状不用完全一样，然后灯烤30秒。

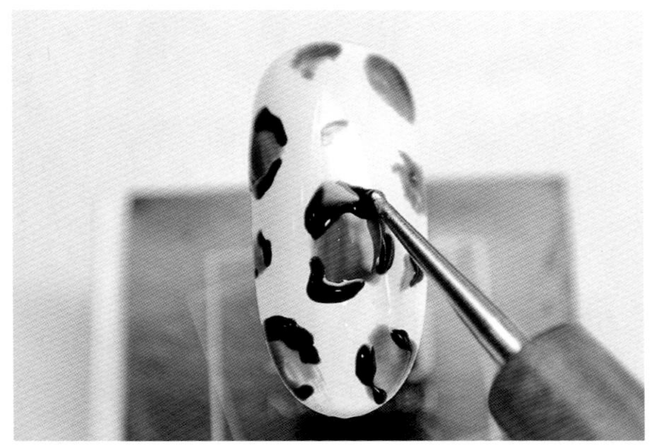

④倒出一些黑色甲油胶，用圆点棒蘸甲油胶在褐色斑点外勾边，每个斑点用2~3段线勾边，然后灯烤30秒。

⑤涂抹亮光顶胶，灯烤30秒。

⑥完成豹纹美甲。

（2）粉红豹纹

工具：打底胶，白色、柔粉色、黑色、深粉色甲油胶，亮光顶胶，圆点棒，拉线笔，烤灯。

①涂抹打底胶，灯烤30秒。

②涂抹白色甲油胶，灯烤30秒。

③倒出一些柔粉色甲油胶，用圆点棒蘸甲油胶在指甲上画出斑点中心，形状不用完全一样，然后灯烤30秒。

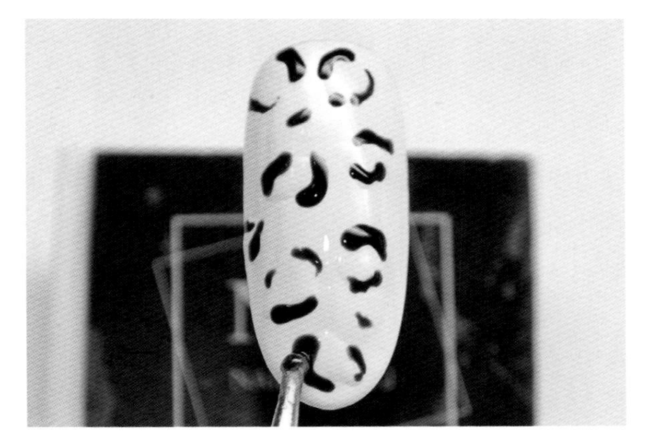

④倒出一些黑色甲油胶，用圆点棒蘸甲油胶在斑点外侧画2~3条线勾边，灯烤30秒。

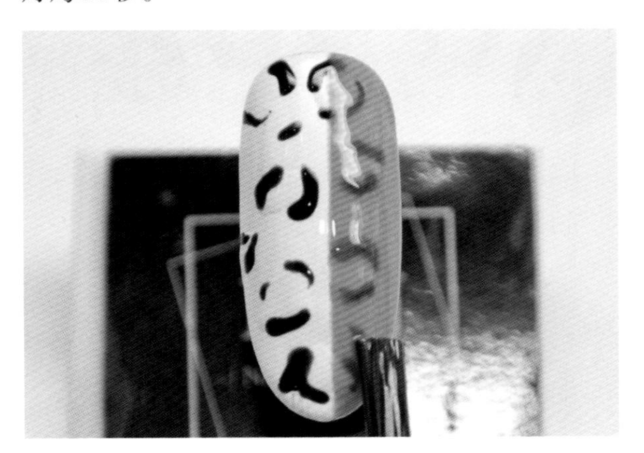

⑤用深粉色甲油胶涂抹一半指甲，灯烤30秒。

⑥用黑色甲油胶在涂有深粉色甲油胶的部分上涂抹一半，不烤灯。

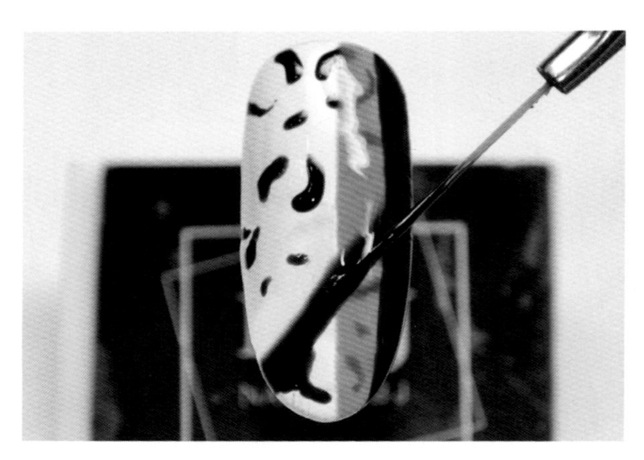

⑦用拉线笔蘸黑色甲油胶，从已画好的黑色部分的中间开始到指甲另一侧的顶端画一条斜线，加粗斜线，然后灯烤30秒。

⑧之后用拉线笔将这条斜线继续拓宽，宽度大约与竖向黑色部分一样，然后灯烤30秒。

⑨涂抹亮光顶胶，灯烤30秒。

⑩完成指甲顶端有斜线的豹纹美甲。

（3）都市豹纹

工具：打底胶，浅褐色、深褐色、黑色甲油胶，亮光顶胶，哑光顶胶，速干胶，拉线笔，圆点棒，装饰品，镊子，烤灯。

①涂抹打底胶，灯烤30秒。

②涂抹浅褐色甲油胶，灯烤30秒。

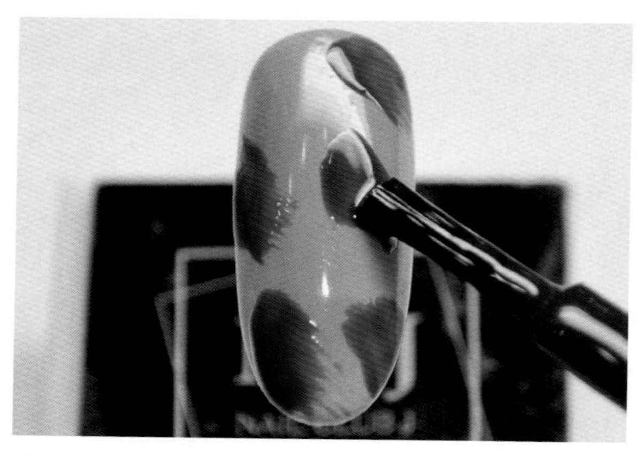

③用深褐色甲油胶在指甲上画出斑点中心，形状不用完全一样，不烤灯。

④用拉线笔在斑点中心由内向外画，将甲油胶带出，画出“划痕”，然后灯烤30秒。

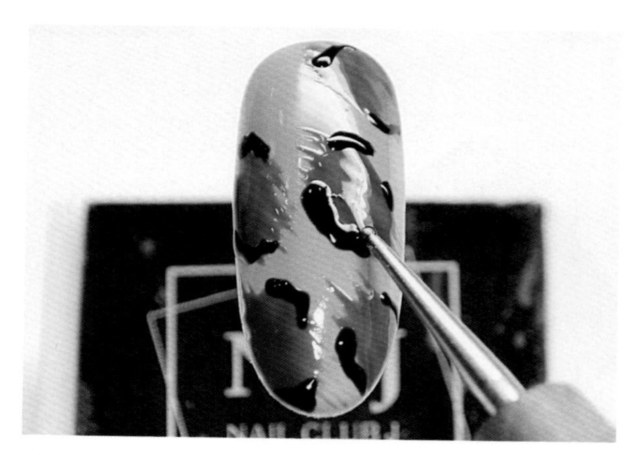

⑤倒出一些黑色甲油胶，用圆点棒蘸甲油胶在斑点外侧画2~3条线勾边，不烤灯。

⑥同样，用拉线笔画出“划痕”，灯烤30秒。

⑦用黑色甲油胶在指甲底端做斜向的法式线，面积不要太大，然后灯烤30秒。

⑧涂抹哑光顶胶，灯烤30秒。

⑨在黑色斜向法式美甲部分上涂抹亮光顶胶，灯烤30秒。

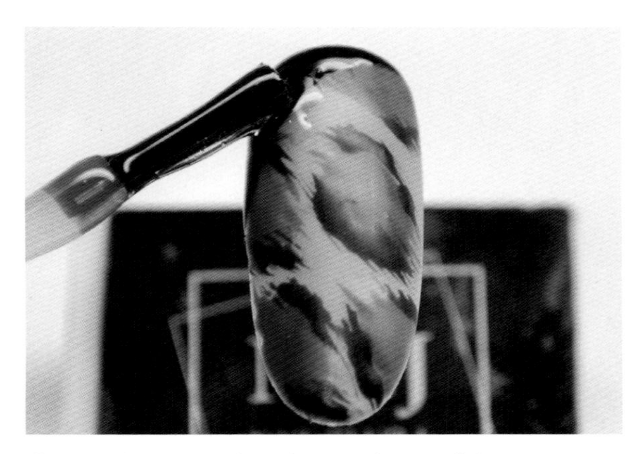

⑩在贴装饰品的位置滴速干胶，不烤灯。

⑪贴上喜欢的装饰品，灯烤30秒。

⑫完成指甲底端做法式线的豹纹美甲。

2.斑马纹

（1）基础斑马纹

工具： 打底胶，白色、黑色甲油胶，亮光顶胶，拉线笔，烤灯。

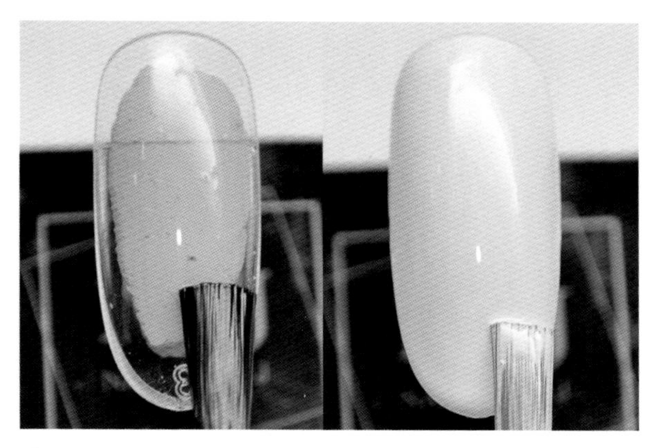

①涂抹打底胶，灯烤30秒。然后涂抹白色甲油胶，灯烤30秒。

②倒出一些黑色甲油胶，用拉线笔蘸甲油胶在指甲中间画一根粗竖条，不烤灯。

③再画一根等粗的横条，与第②步中画的竖条组成一个十字，然后灯烤30秒。

④在指甲外侧画一圈斑马纹，要从指甲最外侧下笔，向指甲中间延伸、分叉，然后灯烤30秒。

⑤涂抹亮光顶胶，灯烤30秒。

⑥完成十字斑马纹美甲。

（2）玫瑰斑马纹

工具：打底胶，白色、紫红色甲油胶，亮光顶胶，拉线笔，烤灯。

①涂抹打底胶，灯烤30秒。然后涂抹白色甲油胶，灯烤30秒。

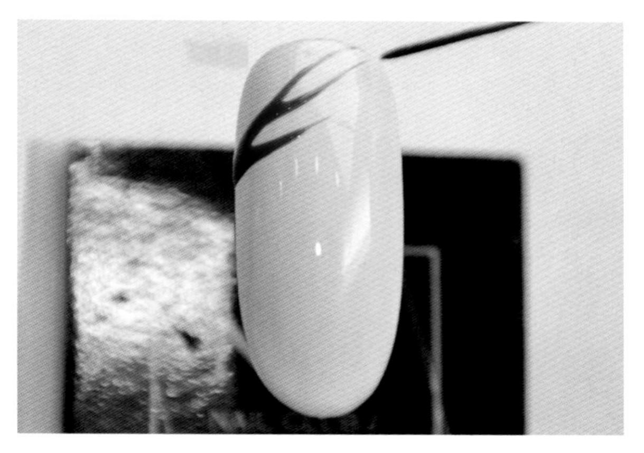

②倒出一些紫红色甲油胶，用拉线笔蘸甲油胶画斑马纹，要从指甲的外侧向内侧画并逐渐分叉，不烤灯。

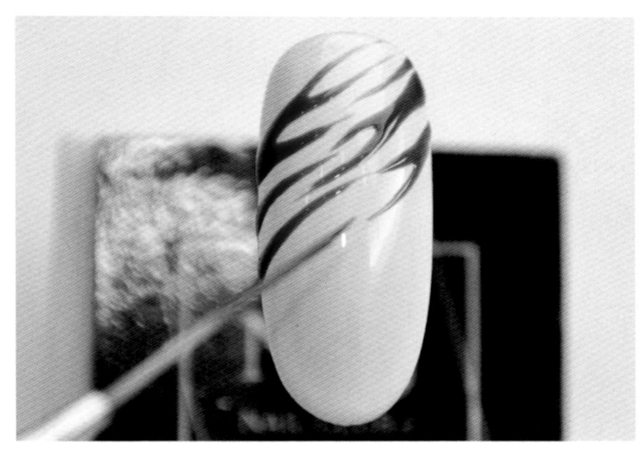

③从指甲外侧的另一边向内侧画斑马纹，使纹路穿插起来，不烤灯，

④画到合适的位置，灯烤30秒。

⑤涂抹亮光顶胶，灯烤30秒。

⑥完成位于指甲底端的斑马纹美甲。

（3）时尚斑马纹

工具：打底胶，荧光粉色、黑色甲油胶，亮光顶胶，美甲贴纸，镊子，拉线笔，烤灯。

①涂抹打底胶，灯烤30秒。然后用荧光粉色甲油胶涂抹指甲中段，灯烤30秒。

②将黑色线条美甲贴纸贴在荧光粉色甲油胶的边缘，并在靠近指甲底端的美甲贴纸不远处再贴一条黑色线条美甲贴。

③在指甲顶端涂抹黑色甲油胶，注意甲油胶与美甲贴纸之间距离与指甲底端的两条美甲贴纸之间的距离大致相等，然后灯烤30秒。

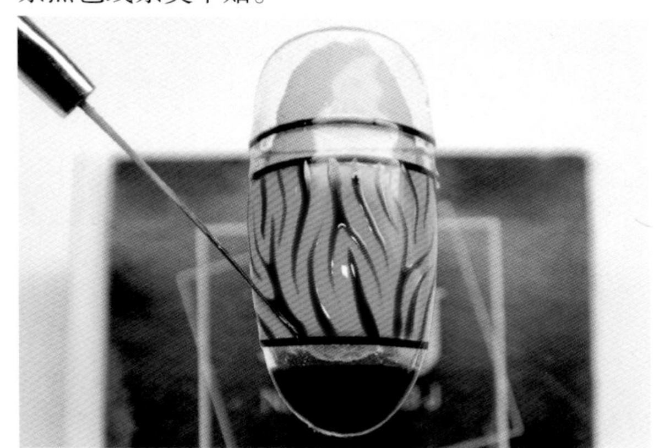

④倒出一些黑色甲油胶，用拉线笔蘸甲油胶在荧光粉色甲油胶上画斑马纹，灯烤30秒。

⑤涂抹亮光顶胶，灯烤30秒。

⑥完成粉色底斑马纹美甲。

（六）彩绘美甲

这部分讲的彩绘美甲特指在指甲上绘制各种可爱的图案的美甲，如绘制水果、卡通形象、动物形象等。彩绘美甲要求美甲师有足够的耐心和审美能力，美甲师需要经过长时间的练习才能绘制出既真实又有特色的图案。

1.水果彩绘

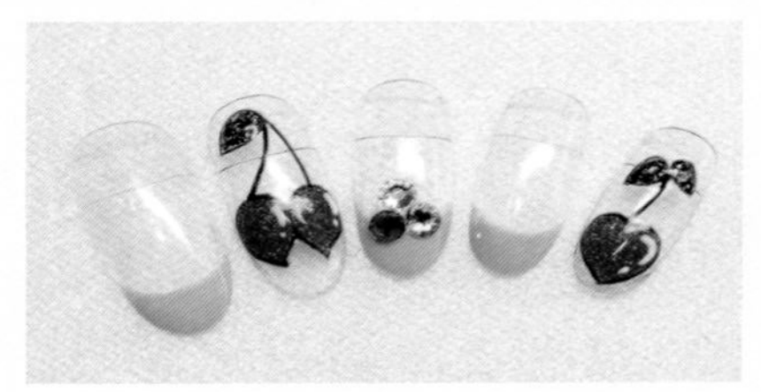

（1）樱桃

（2）西瓜

一般来说，将红色和黄色的水果绘制在指甲上更加好看，会显得人更有活力。

2.卡通彩绘

（1）笑脸和桃心

（2）凯蒂猫

因为指甲的面积不大，所以绘制卡通图案时应以简单的图案为主。如果要绘制复杂一些的图案，要尽量将其简化，不要画得太细致。

3.动物彩绘

跟绘制卡通图案一样，绘制动物图案时也要尽量将其简化，不要画得太复杂、太细致。

1.水果彩绘

（1）樱桃

工具：打底胶，薄荷色、黑色、白色甲油胶，红色、绿色亮片甲油胶，亮光顶胶，圆点棒，拉线笔，烤灯。

◆薄荷色法式美甲

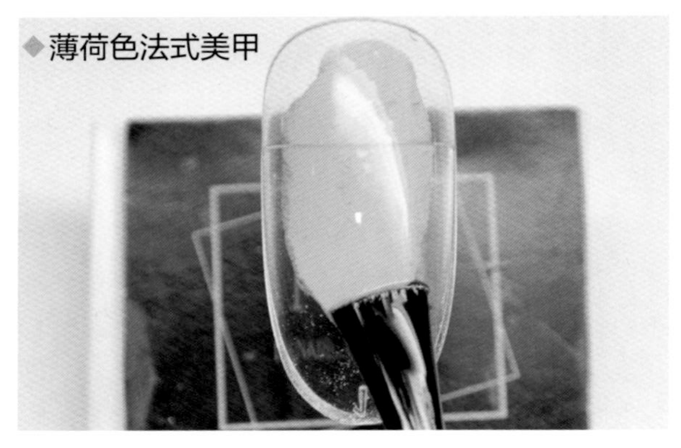

①涂抹打底胶，灯烤30秒。

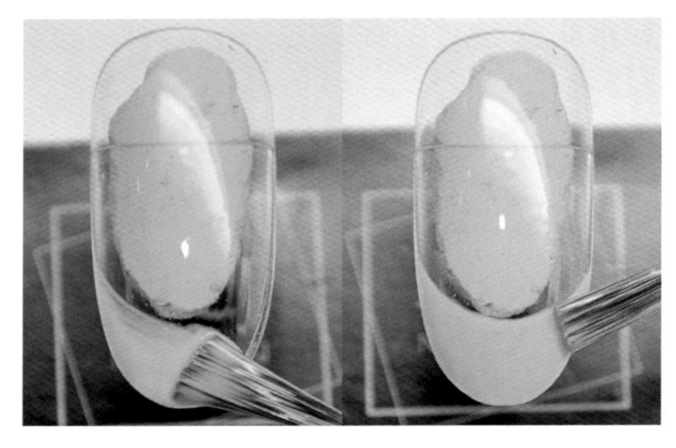

②用薄荷色甲油胶做法式美甲，灯烤30秒。然后再涂抹一层薄荷色甲油胶，灯烤30秒。

③涂抹亮光顶胶，灯烤30秒。

◆樱桃彩绘美甲

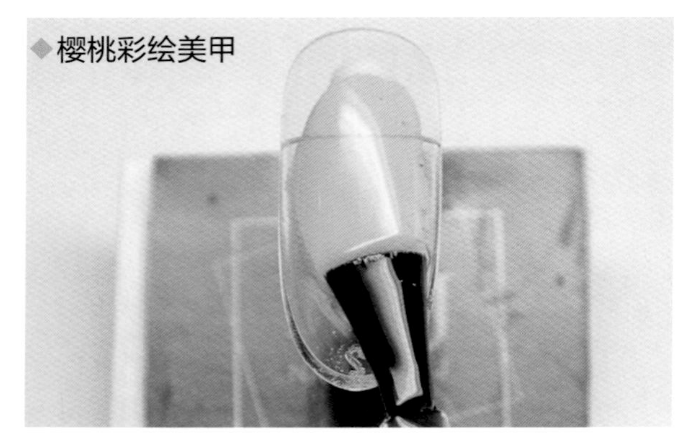

④涂抹打底胶，灯烤30秒。

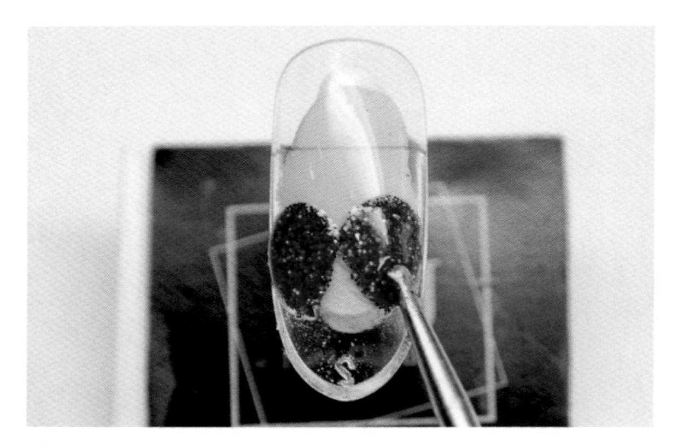

⑤倒出一些红色亮片甲油胶，用圆点棒蘸甲油胶在指甲中间偏顶端的位置画两个大圆，并在靠近指甲顶端的方向画出两个尖尖，作为果实，然后灯烤30秒。

⑥倒出一些绿色亮片甲油胶，用圆点棒蘸甲油胶在指甲底端的一侧画一个水滴形状作为叶子，灯烤30秒。

⑦倒出一些黑色甲油胶，用拉线笔蘸甲油胶沿红色果实外侧描边，不烤灯。

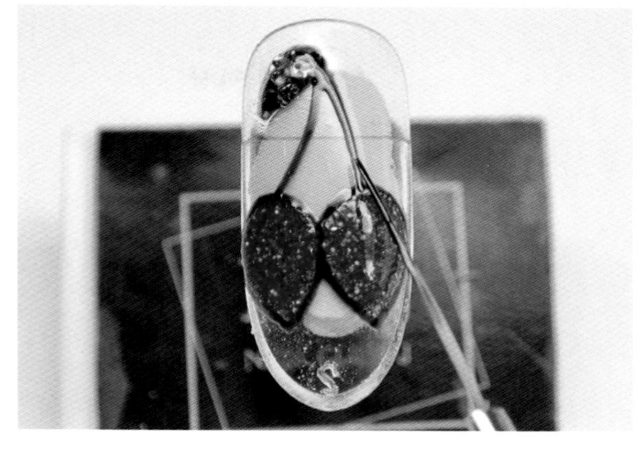

⑧在叶子形状和红色果实形状之间画两条线，将“叶子”和“果实”连起来，不烤灯。

⑨再描出“叶子”的边，灯烤30秒。

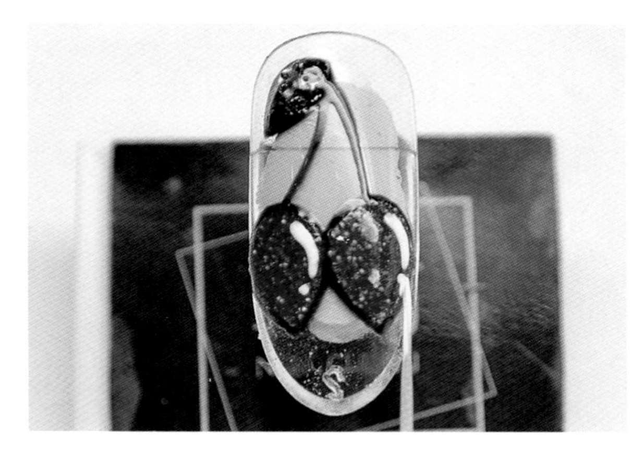

⑩倒出一些白色甲油胶，用拉线笔蘸甲油胶在“果实”上各画一条线和一个点，作为高光，灯烤30秒。

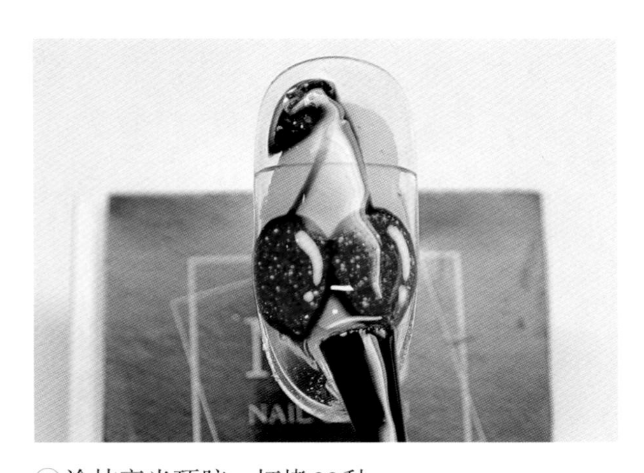

⑪涂抹亮光顶胶，灯烤30秒。

⑫完成法式美甲和两颗樱桃的水果彩绘美甲。

（2）西瓜

工具：打底胶，白色、绿色、黑色甲油胶，红色亮片甲油胶，速干胶，亮光顶胶，雕花笔，拉线笔，卸甲油，海绵，圆点棒，烤灯。

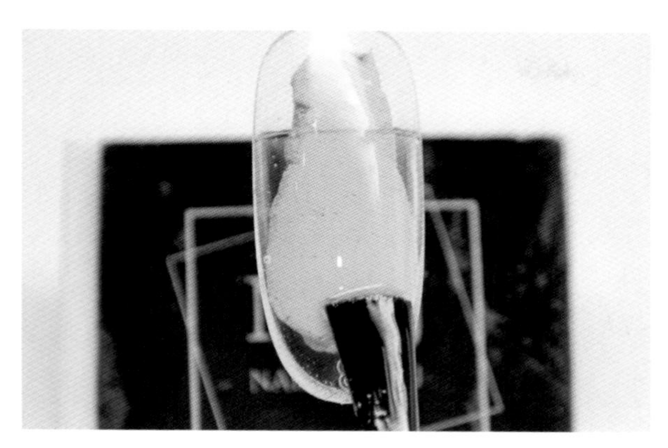

①涂抹打底胶，灯烤30秒。

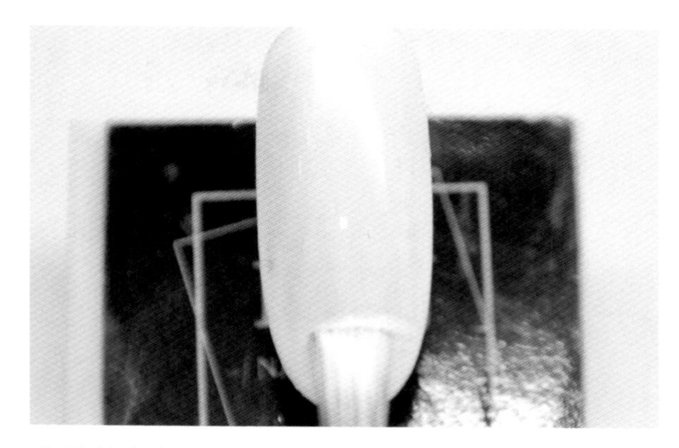

②涂抹白色甲油胶，灯烤30秒。

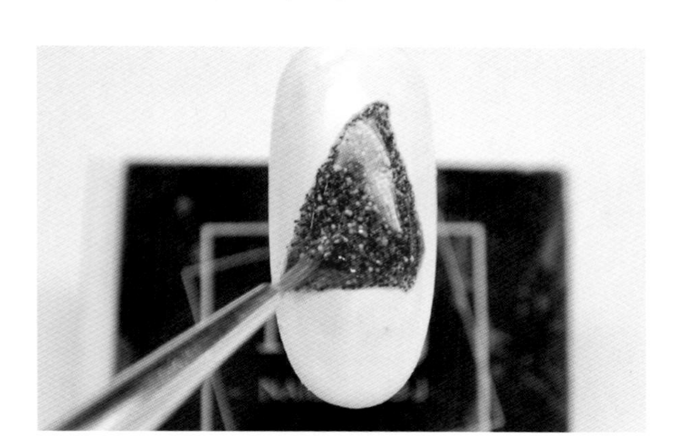

③倒出一些红色亮片甲油胶，用雕花笔蘸甲油胶在指甲中间画一个三角形并画出厚度，作为西瓜的果肉，灯烤30秒。

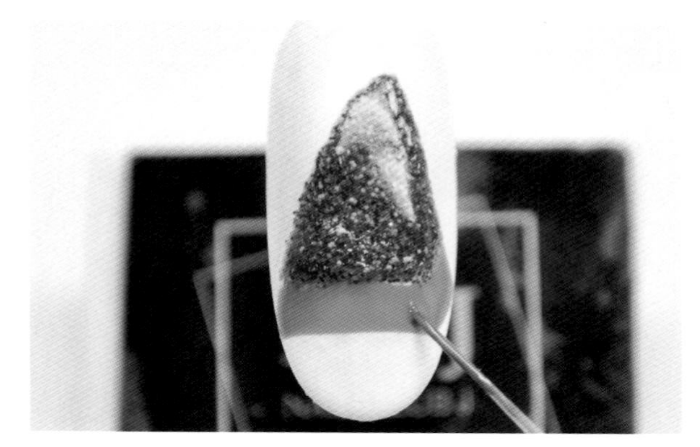

④倒出一些绿色甲油胶，用拉线笔蘸甲油胶在“果肉”下画一个长方形并画出厚度，作为西瓜的果皮，灯烤30秒。

⑤在“果肉”和“果皮”上涂抹速干胶，灯烤30秒。

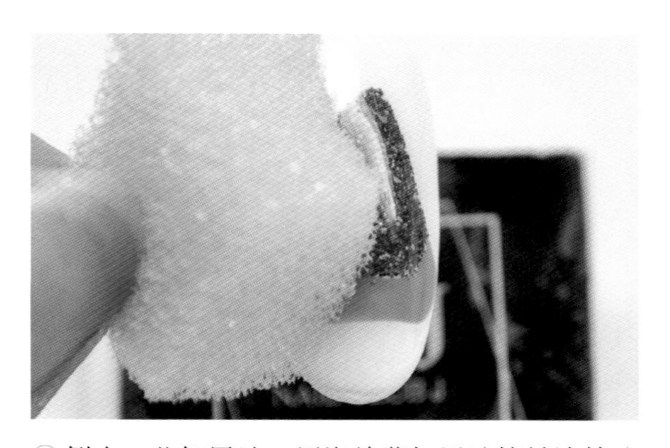

⑥倒出一些卸甲油，用海绵蘸卸甲油擦拭涂抹速干胶的位置，将未干透的甲油胶和速干胶擦掉。要轻轻擦拭，不要用力。

⑦倒出一些黑色甲油胶，用拉线笔蘸甲油胶沿“果肉”和“果皮”的边缘描线，记得画出厚度，然后灯烤30秒。

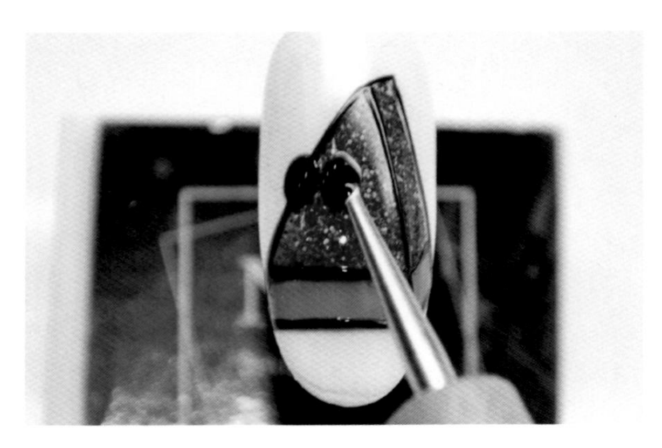

⑧用圆点棒蘸黑色甲油胶在“果肉”的中间画两个圆点，作为眼睛，灯烤30秒。

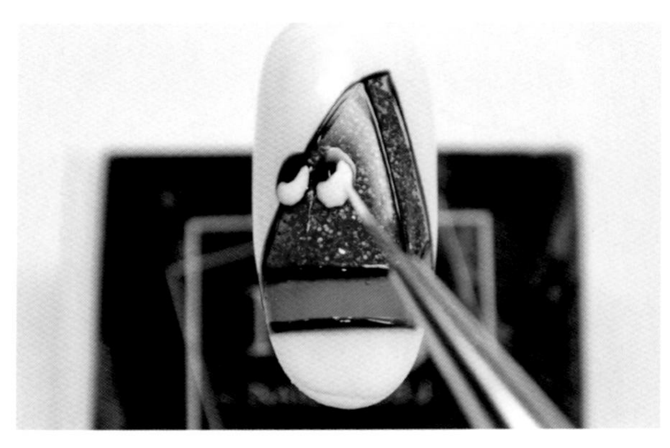

⑨倒出一些白色甲油胶，用雕花笔蘸甲油胶涂在黑色圆点上，涂抹一半即可，作为眼白，然后灯烤30秒。

⑩用拉线笔蘸黑色甲油胶在白底上画多条小线段，灯烤30秒。

⑪涂抹亮光顶胶，灯烤30秒。

⑫完成西瓜的水果彩绘美甲。

2. 卡通彩绘

（1）笑脸和桃心

扫一扫，看美甲视频。

工具：打底胶，黑色、荧光橙色甲油胶，黄色亮片甲油胶，亮光顶胶，拉线笔，烤灯。

◆笑脸

①涂抹打底胶，灯烤30秒。

②用黄色亮片甲油胶在指甲中心画一个大大的圆，灯烤30秒。

③倒出一些黑色甲油胶，用拉线笔蘸甲油胶沿大圆外圈描边，不烤灯。

④在大圆上画一个椭圆和一个大于号，作为两只眼睛。然后在两只眼睛下画一条弧线作为嘴巴，灯烤30秒。

⑤涂抹亮光顶胶，灯烤30秒。

◆桃心

⑥涂抹打底胶，灯烤30秒。

⑦用荧光橙色甲油胶在指甲前端画一个桃心，灯烤30秒。

⑧倒出一些黑色甲油胶，用拉线笔蘸甲油胶沿桃心边缘描边，要描得尽量细，不烤灯。

⑨在桃心的两条弧线的交汇处画一个水滴形状，灯烤30秒。

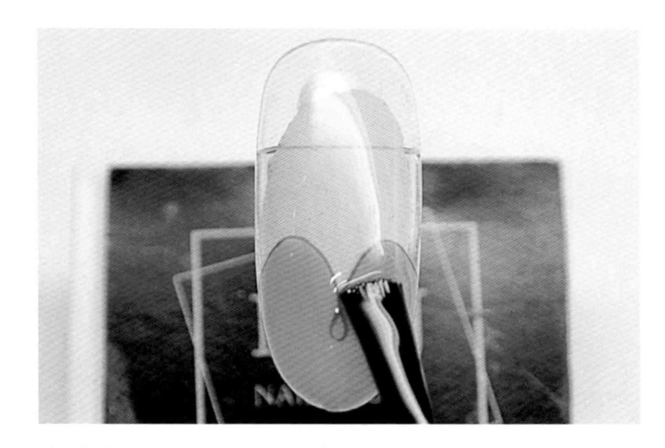

⑩涂抹亮光顶胶，灯烤30秒。

⑪完成笑脸和桃心的卡通彩绘美甲。

（2）凯蒂猫

工具： 打底胶，白色、荧光粉色、黑色甲油胶，亮光顶胶，拉线笔，圆点棒，烤灯。

①涂抹打底胶，灯烤30秒。

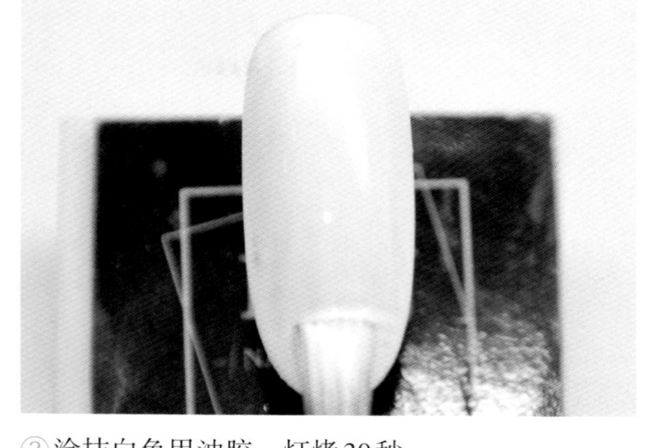

②涂抹白色甲油胶，灯烤30秒。

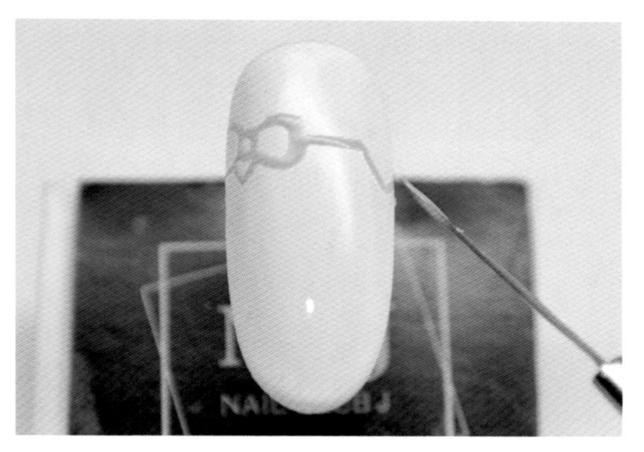

③倒出一些荧光粉色甲油胶，用拉线笔蘸甲油胶在靠近指甲底端的位置画出凯蒂猫头部的轮廓和蝴蝶结的轮廓，不烤灯。

④用荧光粉色甲油胶涂抹凯蒂猫头部轮廓外的部分和蝴蝶结，灯烤30秒。

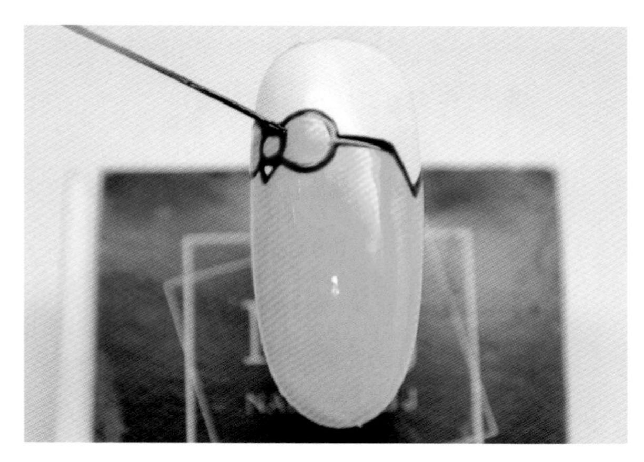

⑤倒出一些黑色甲油胶，用拉线笔蘸甲油胶描出凯蒂猫头部的轮廓和蝴蝶结的轮廓，灯烤30秒。

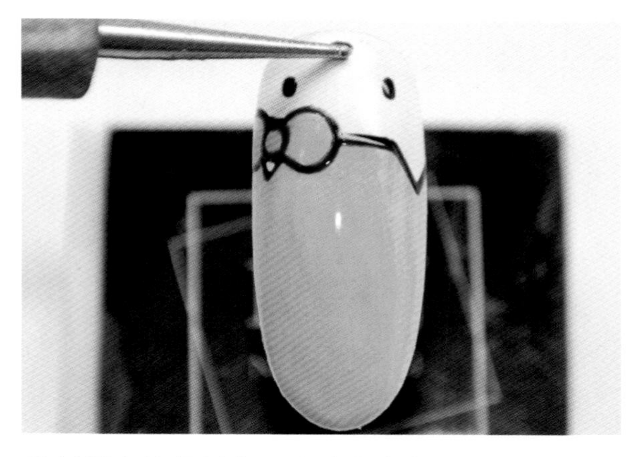

⑥用圆点棒蘸黑色甲油胶在白色部分点三个点，作为凯蒂猫的眼睛和鼻子，灯烤30秒。

⑦倒出一些白色甲油胶，用圆点棒蘸甲油胶在粉色部分多画几个圆，让它们分布得均匀一些，然后灯烤30秒。

⑧涂抹亮光顶胶，灯烤30秒。

⑨完成波点凯蒂猫的卡通彩绘美甲。

3.动物彩绘

扫一扫，看美甲视频。

工具：打底胶，白色、黑色、粉色甲油胶，亮光顶胶，拉线笔，烤灯。

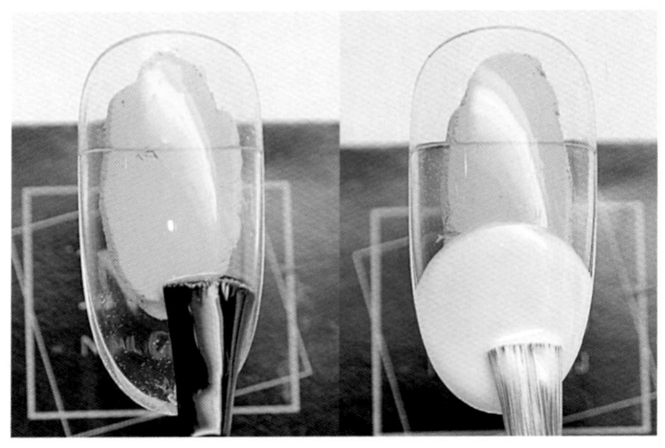

①涂抹打底胶，灯烤30秒。然后用白色甲油胶在指甲前端做一个反向的法式美甲，弧线画得尽量圆一些，灯烤30秒。

②倒出一些黑色甲油胶，用拉线笔蘸甲油胶在白色法式线外画两个黑色的圆角三角形，作为耳朵，灯烤30秒。

③在指甲顶端画一个圆角三角形和两段弧线，作为鼻子和嘴巴，灯烤30秒。然后在“鼻子”上方画两个椭圆形作为眼睛，灯烤30秒。

④倒出一些粉色甲油胶，用拉线笔蘸甲油胶在“嘴巴”两侧画短线，作为腮红，灯烤30秒。

⑤涂抹亮光顶胶，灯烤30秒。

⑥完成熊猫面部的动物彩绘美甲。

（七）花朵美甲

顾名思义，花朵美甲就是将花朵作为主题的美甲。花朵的样式很多，我们平时要注意观察，看看哪些花的形态适合放在美甲上，它们分别适合什么风格的美甲。一般来说，绘有大朵的花（如百合）或者大片的花瓣的美甲适合大气、隆重的场合；而小朵的花（如雏菊）适合小清新的美甲风格。

1.彩绘花朵

（1）水彩花朵　　（2）素描花朵　　（3）四色花朵

用雕花笔、拉线笔、圆点棒在指甲上绘制花朵是非常考验美甲师的功力的。彩绘花朵的样式很多，有带有晕染效果的水彩花，也有色彩鲜明的四色花……

2.花朵美甲贴纸

（1）单一花型

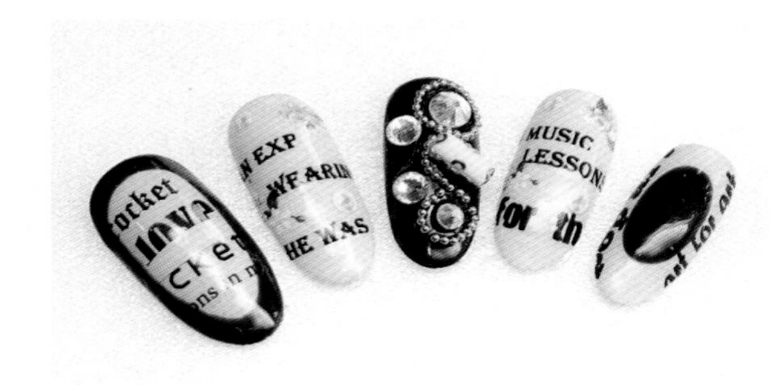

（2）混合花型

用彩绘的方式是很难表现出花朵的层次感与复杂度的，而美甲贴纸可以弥补彩绘的不足。美甲贴纸是已经绘制、印刷好的成品，我们只需将其错落有致地贴在指甲上就可以完成花朵美甲了。

1.彩绘花朵

(1)水彩花朵

扫一扫，看美甲视频。

工具：打底胶，白色、浅蓝色、蓝色、金色甲油胶，亮光顶胶，速干胶，雕花笔，拉线笔，装饰品，镊子，烤灯。

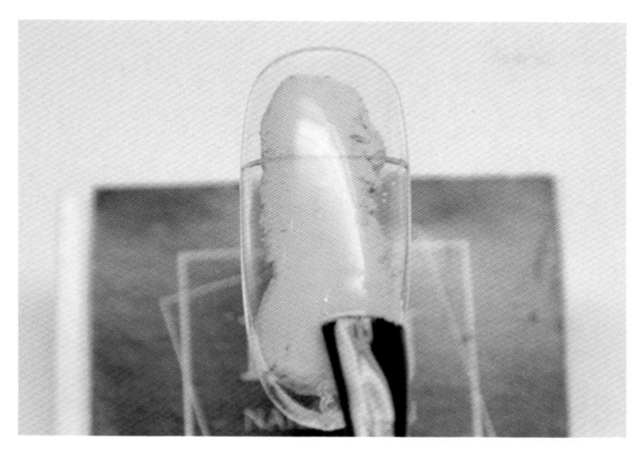

①涂抹打底胶，灯烤30秒。

②薄薄地涂抹白色甲油胶，灯烤30秒。

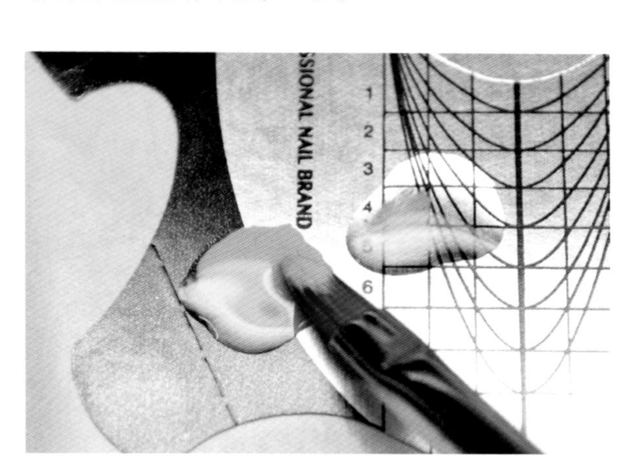

③倒出一些浅蓝色甲油胶和打底胶，用雕花笔将它们混合在一起。

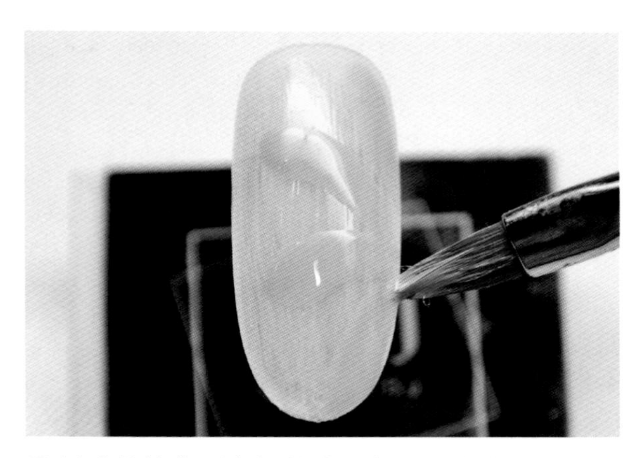

④用雕花笔蘸混合好的浅蓝色甲油胶在指甲上画四片花瓣，灯烤30秒。

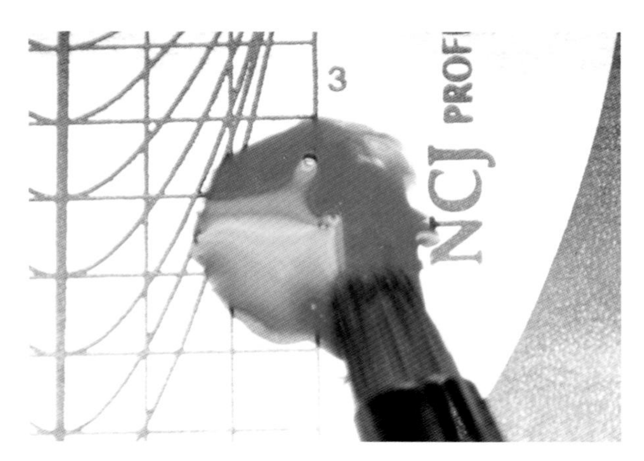

⑤同样，混合蓝色甲油胶和打底胶。

⑥用雕花笔蘸混合好的蓝色甲油胶在浅蓝色花瓣之间画三片蓝色花瓣，灯烤30秒。

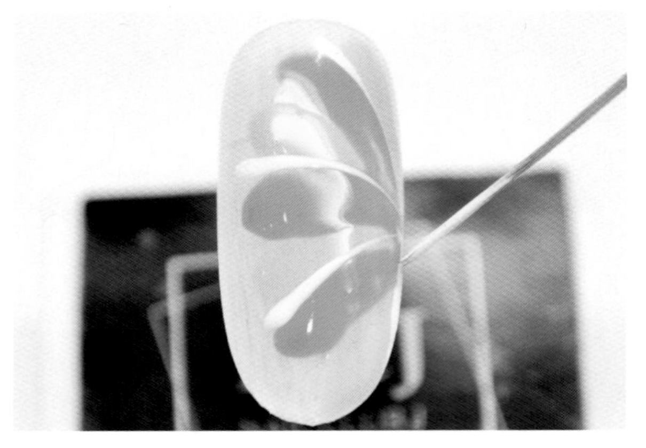

⑦倒出一些白色甲油胶，用拉线笔蘸甲油胶在蓝色花瓣的一侧画线，灯烤30秒。

⑧倒出一些金色甲油胶，用拉线笔蘸甲油胶在蓝色花瓣的另一侧画线，灯烤30秒。

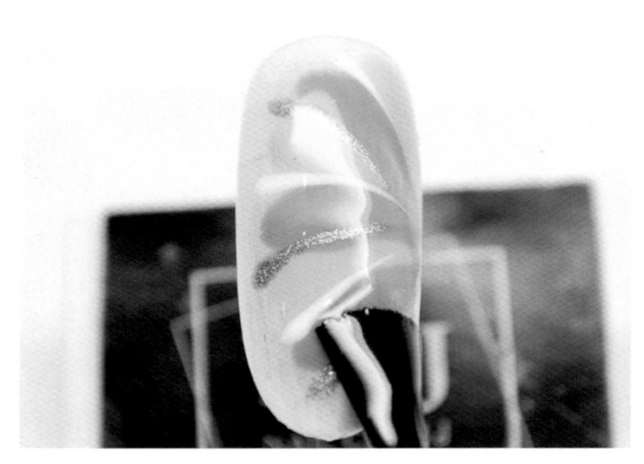

⑨涂抹亮光顶胶，灯烤30秒。

⑩在贴装饰品的位置滴速干胶，不烤灯。

⑪贴上喜欢的装饰品，灯烤30秒。

⑫完成彩绘花朵美甲。

（2）素描花朵

工具：打底胶，灰色、白色、浅黄色、浅绿色、浅粉色、黄色、黑色甲油胶，亮光顶胶，速干胶雕花笔，拉线笔，装饰品，镊子，烤灯。

①涂抹打底胶，灯烤30秒。

②涂抹灰色甲油胶，灯烤30秒。

②薄薄地涂抹白色甲油胶，灯烤30秒。

④倒出一些浅黄色甲油胶，用雕花笔蘸甲油胶在指甲底端的一侧画一片花瓣，不烤灯。

⑤倒出一些浅绿色甲油胶，用雕花笔蘸甲油胶在指甲另一侧画三片花瓣，不烤灯。

⑥倒出一些浅粉色甲油胶，用雕花笔蘸甲油胶在浅黄色花瓣一侧的指甲前端画三片花瓣，灯烤30秒。

⑦倒出一些黄色甲油胶，用雕花笔蘸甲油胶在浅绿色和浅粉色花瓣中间各画一个半圆，灯烤30秒。

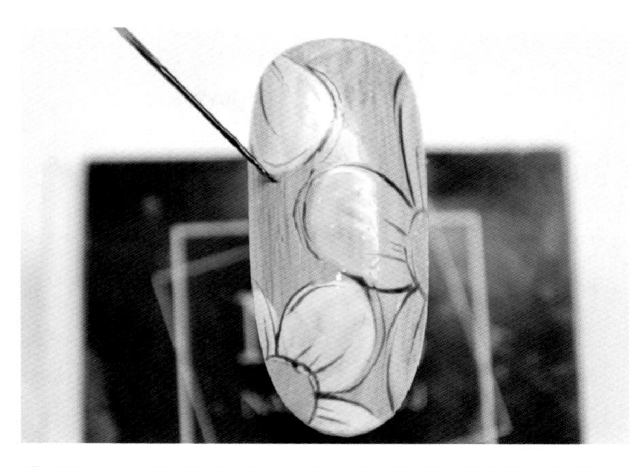

⑧倒出一些黑色甲油胶，用拉线笔蘸甲油胶勾边，注意不要一笔画成，要画出素描底稿的感觉，然后灯烤30秒。

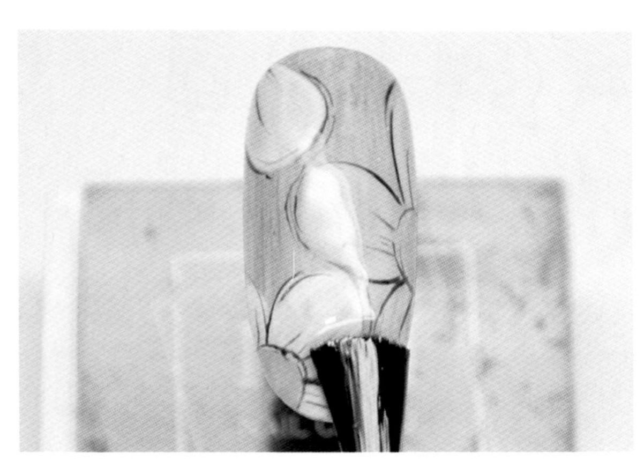

⑨涂抹亮光顶胶，灯烤30秒。

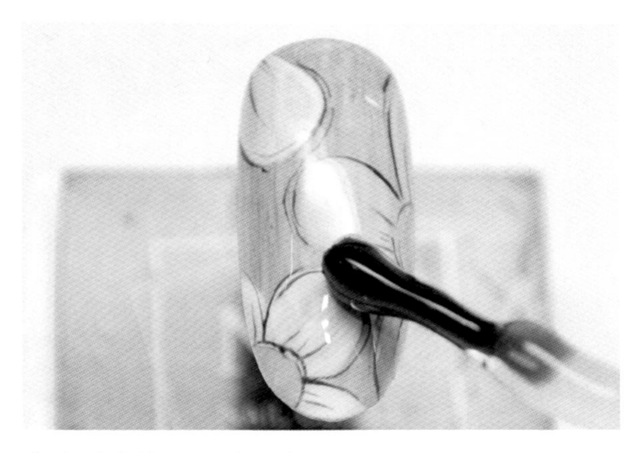

⑩在贴装饰品的位置滴速干胶。

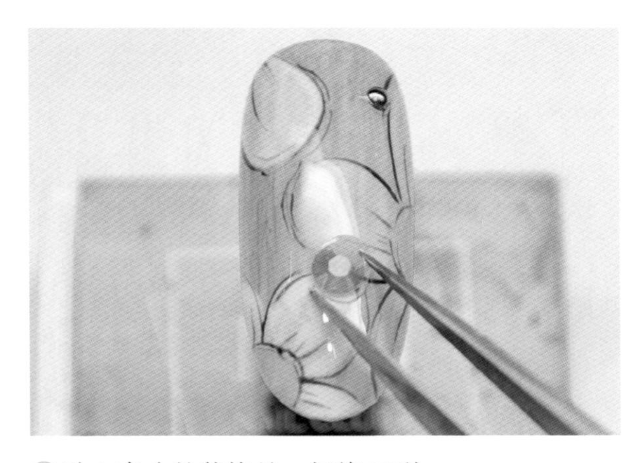

⑪贴上喜欢的装饰品，灯烤30秒。

⑫完成淡绿色大花的彩绘花朵美甲。

（3）四色花朵

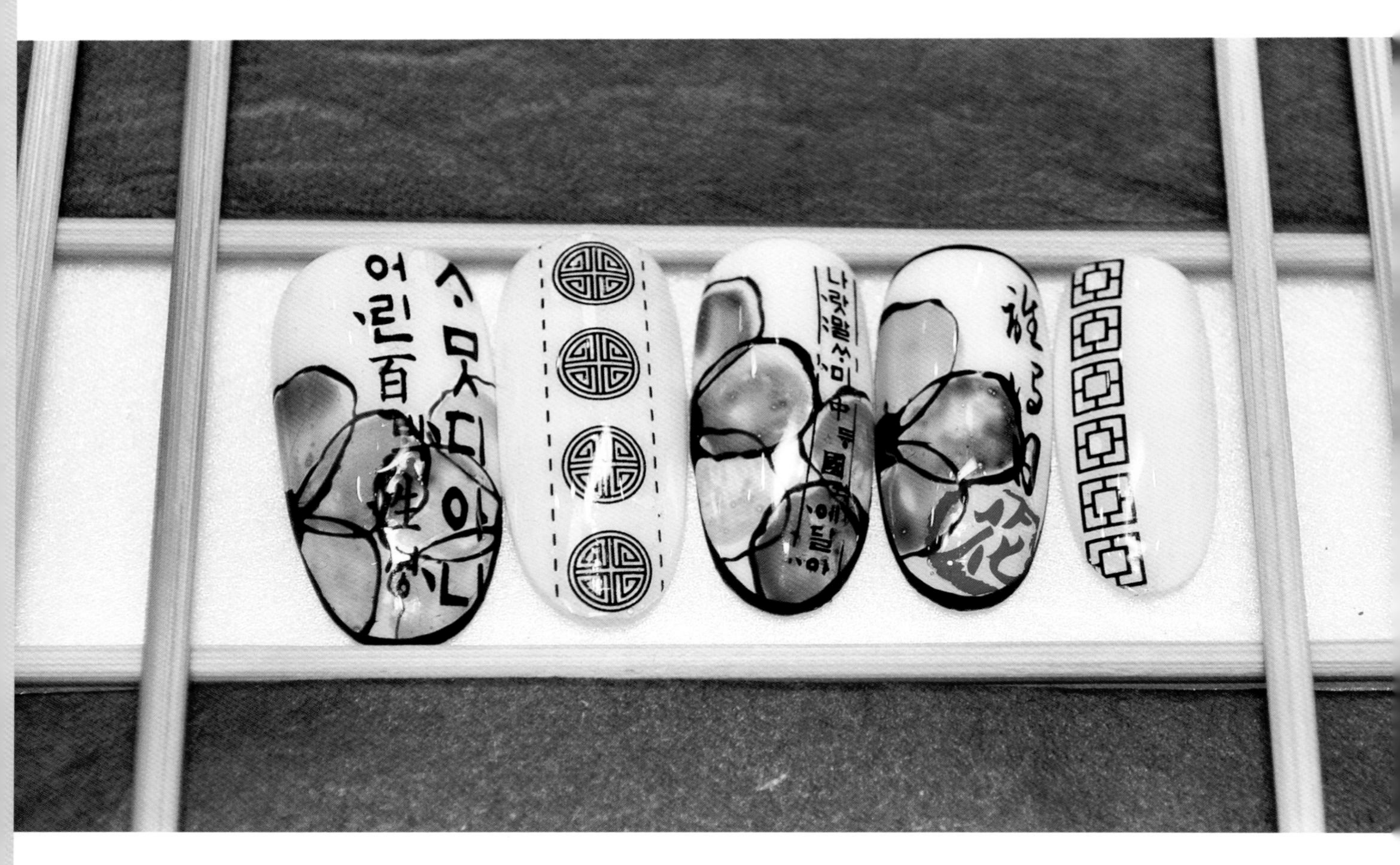

工具：打底胶，白色、紫红色、深红色、橙色、黄色、黑色甲油胶，亮光顶胶，雕花笔，拉线笔，美甲贴纸，镊子，烤灯。

①涂抹打底胶，灯烤30秒。然后涂抹白色甲油胶，灯烤30秒。

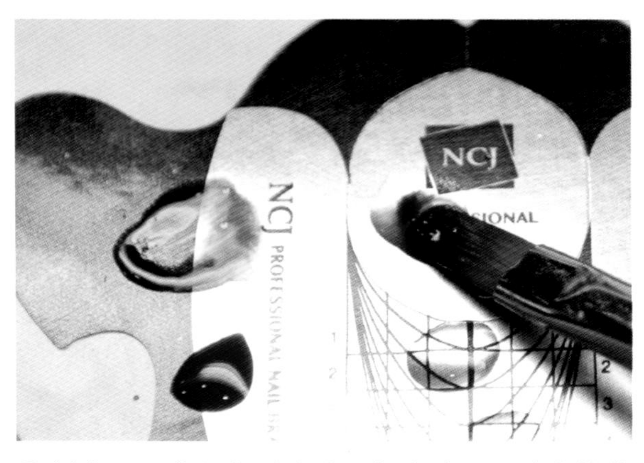

②倒出一些紫红色甲油胶和打底胶，用雕花笔将它们混合在一起。

③用雕花笔蘸混合好的紫红色甲油胶在指甲的顶端和底端各画一片花瓣，灯烤30秒。

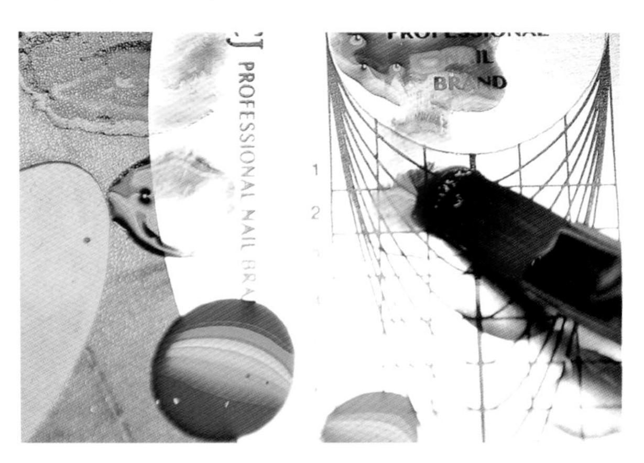

④同样，混合深红色甲油胶和打底胶。

⑤雕花笔蘸混合好的深红色甲油胶在指甲底端的花瓣边画一片花瓣，灯烤30秒。

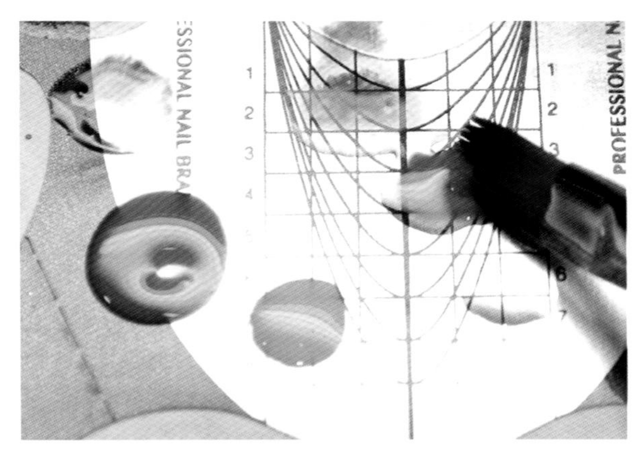

⑥再混合橙色甲油胶和打底胶。

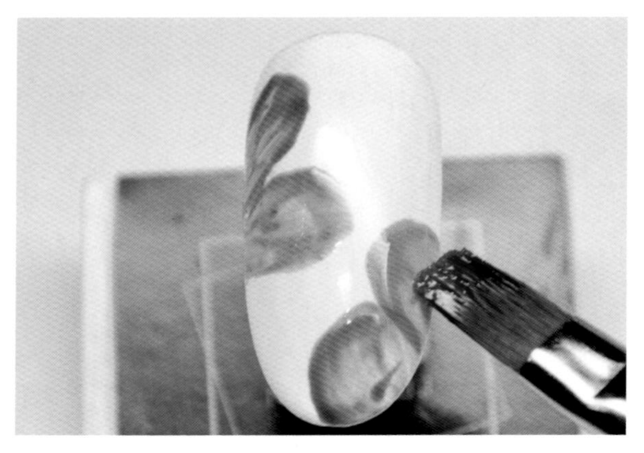

⑦用雕花笔蘸混合好的橙色甲油胶在指甲顶端的花瓣边画一片花瓣，不烤灯。

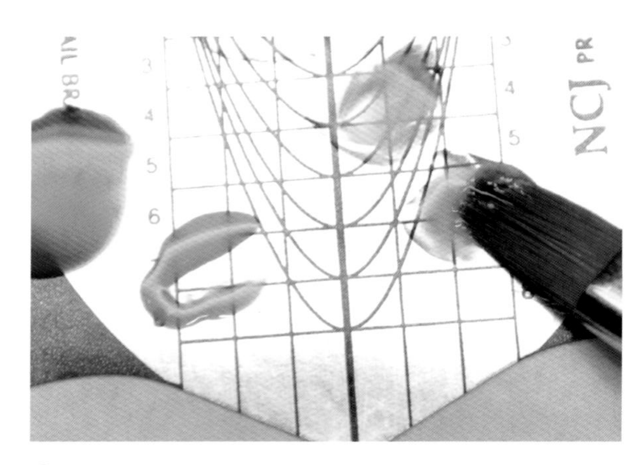

⑧之后混合黄色甲油胶和打底胶。

⑨用雕花笔蘸混合好的黄色甲油胶在深红色花瓣边画一片花瓣，灯烤30秒。

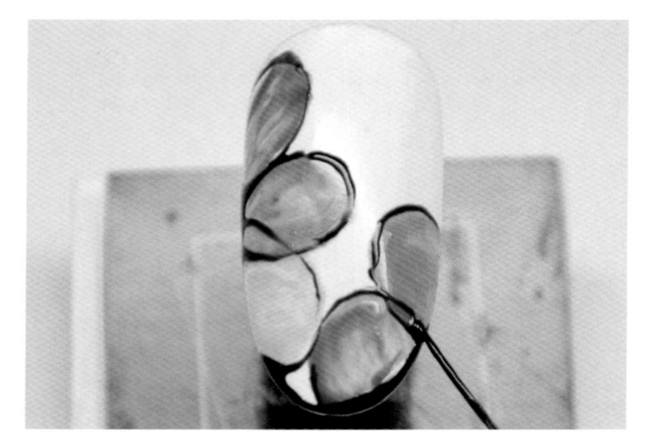

⑩倒出一些黑色甲油胶，用雕花笔蘸甲油胶给花瓣描边，重叠部分也要描出，然后灯烤30秒。

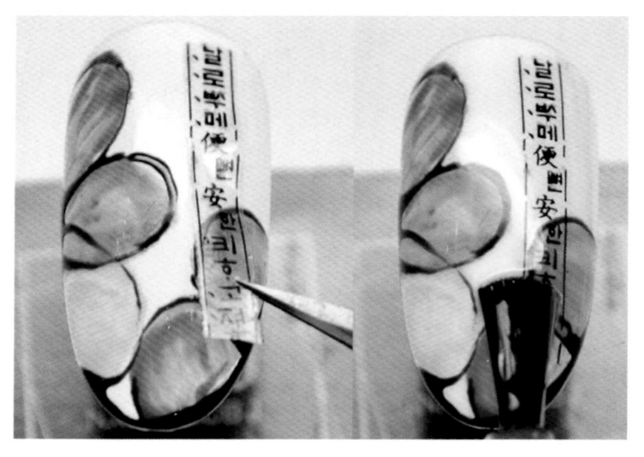

⑪将喜欢的美甲贴纸竖着贴在指甲上。然后涂抹亮光顶胶，灯烤30秒。

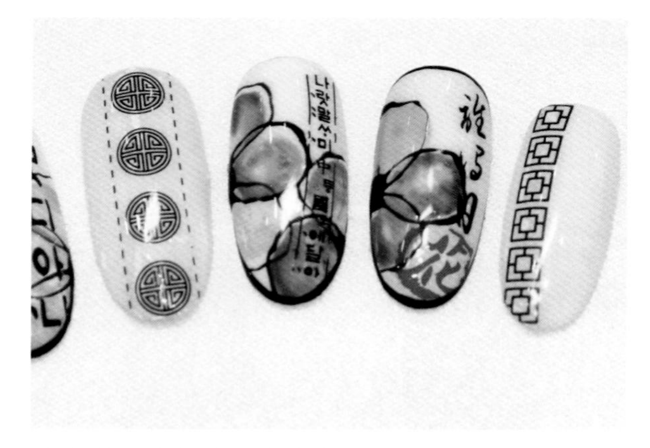

⑫完成两朵花的花朵彩绘美甲。

2. 花朵美甲贴纸

（1）单一花型

工具：打底胶，白色、浅橙色甲油胶，亮光顶胶，拉线笔，花朵美甲贴纸，镊子，烤灯。

①涂抹打底胶，灯烤30秒。

②涂抹白色甲油胶，灯烤30秒。

③倒出一些浅橙色甲油胶，用拉线笔蘸甲油胶在指甲两侧画两条竖条，灯烤30秒。

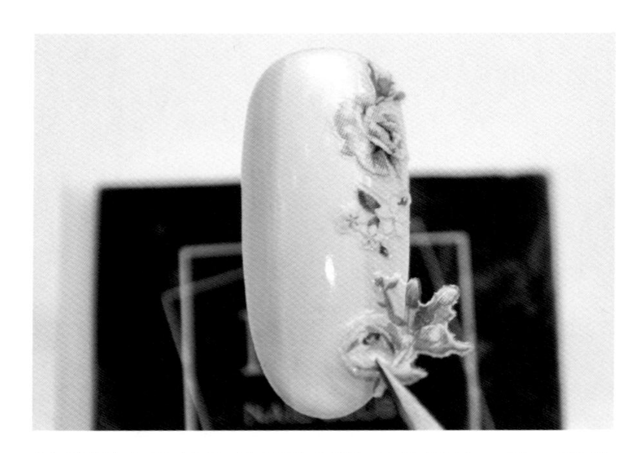

④将喜欢的花朵美甲贴纸贴在指甲的一侧，设计好美甲贴纸的组合方式及构图。

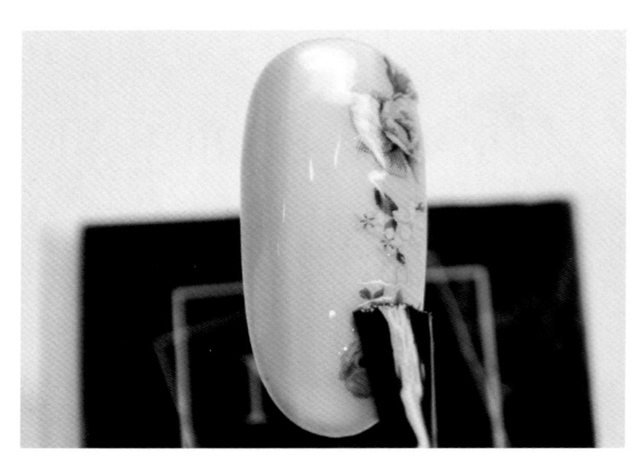

⑤涂抹亮光顶胶，灯烤30秒。

⑥完成浅橙色单侧花朵美甲贴纸美甲。

（2）混合花型

工具：打底胶，浅褐色甲油胶，亮光顶胶，花朵、文字美甲贴纸，镊子，烤灯。

①涂抹打底胶，灯烤30秒。

②涂抹浅褐色甲油胶，灯烤30秒。

③将喜欢的花朵美甲贴纸贴在指甲上，可以选择不同的花型。

④将喜欢的文字美甲贴纸贴在指甲上，可以与花朵美甲贴纸重合，设计好构图。

⑤涂抹亮光顶胶，灯烤30秒。

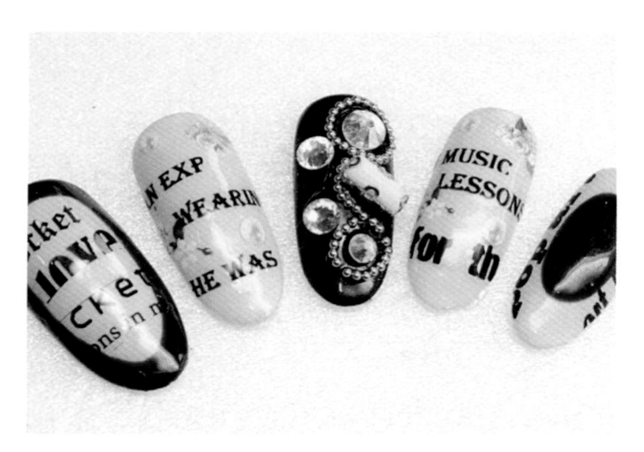

⑥完成花朵与文字配合的花朵美甲贴纸美甲。

（八）立体美甲

立体美甲就是用速干胶或压花胶在指甲上做出立体造型的美甲方式。立体美甲更有层次感，在光线下会显得更华丽、更真实。制作立体美甲时一定不能心急，要耐心塑形，灯烤之后就不能再修改造型了。

1.速干胶立体造型

用速干胶制作的立体造型是透明的，可以透出下层美甲的图案，做出层次感。同时，光通过立体造型时还能产生折射，使下层的美甲图案看上去像发生了形变。

2.压花胶立体造型

（1）小怪物

（2）幽灵

（3）花朵

（4）巧克力

压花胶比速干胶的可塑性更强，可以塑造出很多复杂的形状。常见的压花胶是白色的，彩色的很少。我不建议美甲师配齐各种颜色的压花胶，将白色压花胶塑形后用甲油胶上色就可以了。

1.速干胶立体造型

工具：打底胶，白色、黑色甲油胶，亮光顶胶，速干胶，拉线笔，格纹美甲贴纸，镊子，装饰品，烤灯。

①涂抹打底胶，灯烤30秒。

②在指甲底端的中间空出一个圆形区域，在此区域以外的部分涂抹白色甲油胶，然后灯烤30秒。

③倒出一些黑色甲油胶，用拉线笔蘸甲油胶沿指甲外圈勾边，灯烤30秒。

④将格纹美甲贴纸修剪成空出的圆形区域的大小，并贴在上面。

⑤同样，沿格纹美甲贴纸外圈勾边，灯烤30秒。

⑥在格纹美甲贴纸上滴速干胶，灯烤30秒。然后重复滴胶、烤灯这个过程，直到立体造型足够突出。

⑦涂抹亮光顶胶，灯烤30秒。

⑧在立体造型边滴速干胶，不烤灯。

⑨贴上喜欢的装饰品，灯烤30秒。

⑩完成速干胶立体造型美甲。

2.压花胶立体造型

（1）小怪物

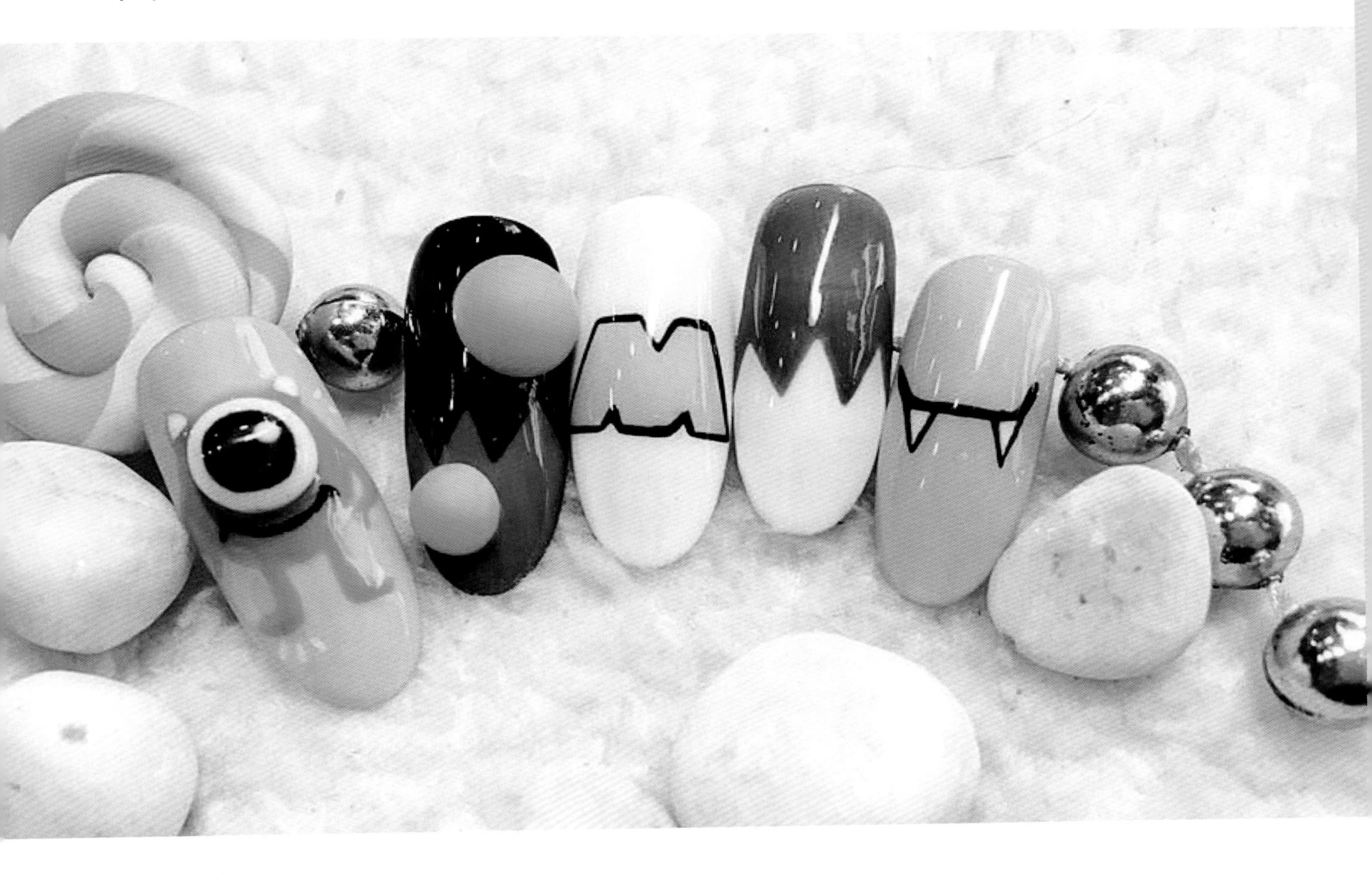

工具：打底胶，薄荷色、荧光绿色、黑色、青绿色、白色甲油胶，白色压花胶，亮光顶胶，拉线笔，压花笔，圆点棒，烤灯。

①涂抹打底胶，灯烤30秒。然后涂抹薄荷色甲油胶，灯烤30秒。

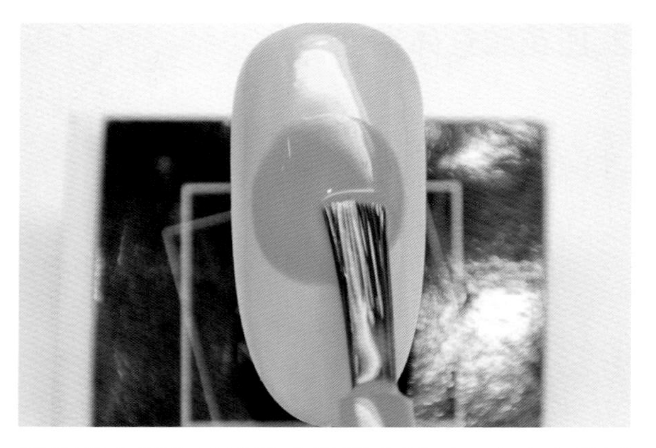

②用荧光绿色甲油胶在指甲中间画一个大大的圆形，作为小怪物的身体，不烤灯。

③倒出一些荧光绿色甲油胶，用拉线笔蘸甲油胶在“身体”靠近指甲顶端处画一正一反两个“L”，作为腿和脚，不烤灯。

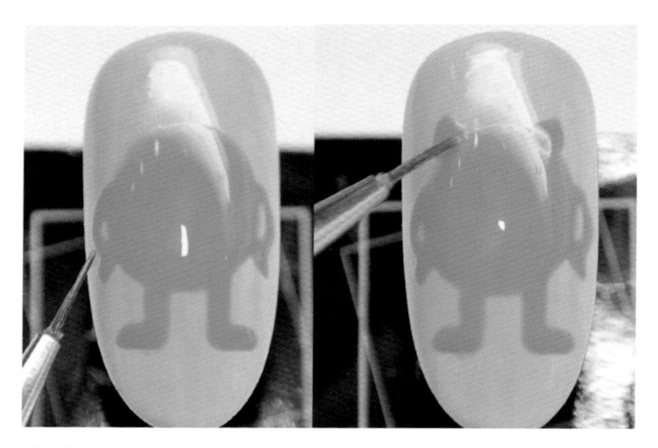

④在“身体”两侧画两条曲线作为胳膊。然后在“身体”靠近指甲底端处画两个圆角三角形，作为耳朵，灯烤30秒。

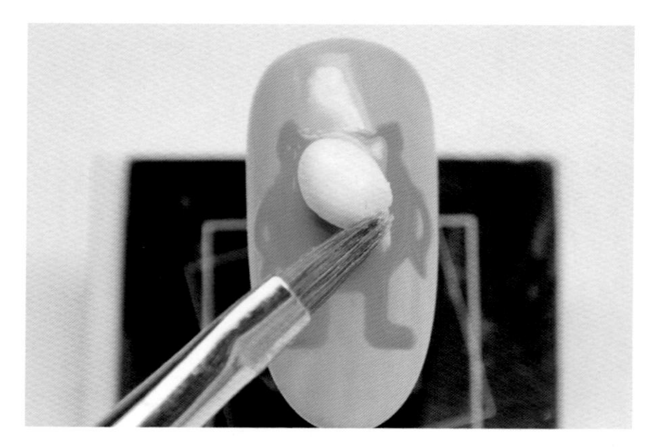

⑤取出一些白色压花胶放在“身体”中间。

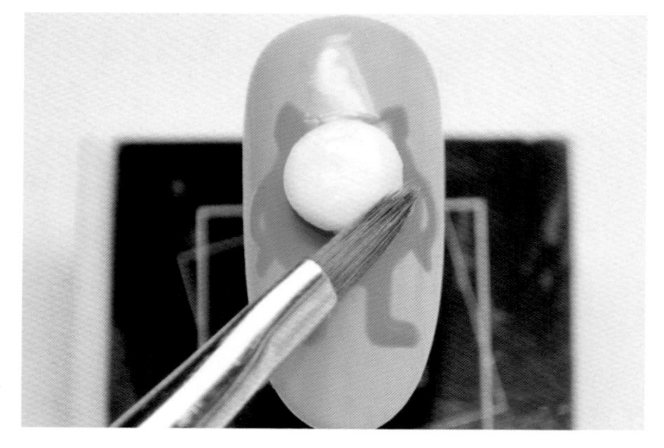

⑥用压花笔把压花胶塑成圆球，作为眼睛，再把上面压平一点儿，然后灯烤30秒。

⑦倒出一些黑色甲油胶，用圆点棒蘸甲油胶在“眼睛”中间画一个圆，灯烤30秒。

⑧倒出一些青绿色甲油胶，用拉线笔蘸甲油胶在黑色的圆上画一个圈，灯烤30秒。

⑨倒出一些白色甲油胶，用圆点棒蘸甲油胶在青绿色圈上点一个点，再在两只“耳朵”中间各点一个点，然后灯烤30秒。

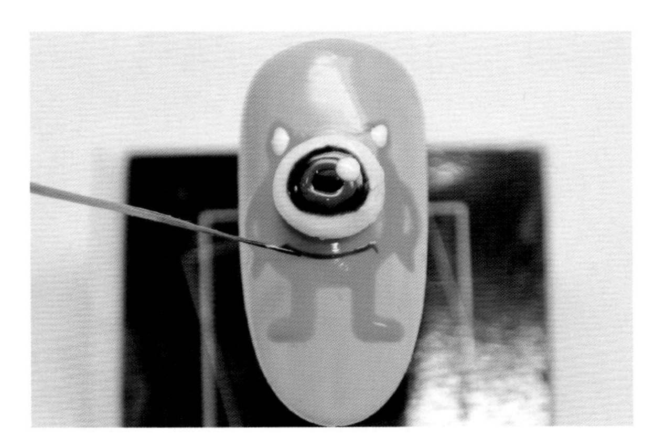

⑩用拉线笔蘸黑色甲油胶，在“眼睛”边靠近“腿脚”的一侧画一条弧线，作为嘴巴，灯烤30秒。

⑪涂抹亮光顶胶，灯烤30秒。

⑫完成小怪物压花胶立体造型美甲。

（2）幽灵

工具： 打底胶，白色、灰色、深灰色、黑色甲油胶，白色压花胶，哑光顶胶，亮光顶胶，圆点棒，压花笔，烤灯。

①涂抹打底胶，灯烤30秒。

②涂抹白色甲油胶，灯烤30秒。

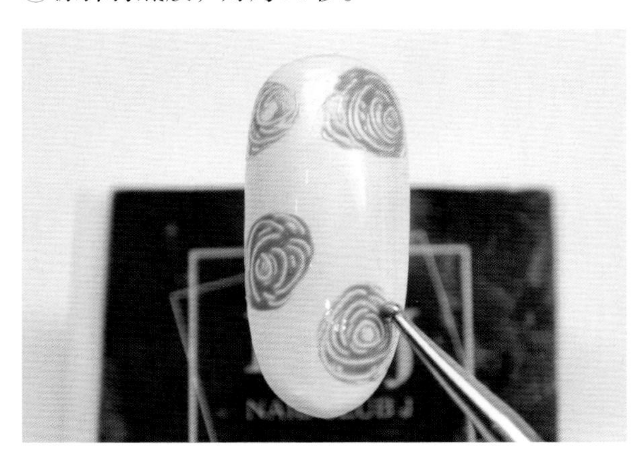

③倒出一些灰色甲油胶，用圆点棒蘸甲油胶在指甲上画圈滚动，画出玫瑰花的形状，多画几朵，然后灯烤30秒。

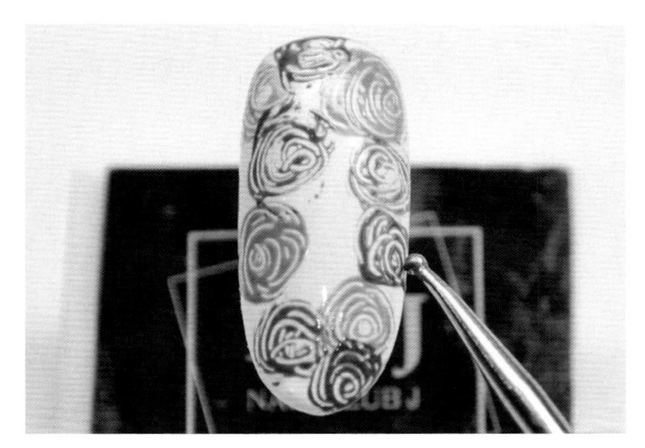

④倒出一些深灰色甲油胶，用圆点棒蘸甲油胶在指甲上再画几朵玫瑰花，灯烤30秒。

⑤涂抹哑光顶胶，灯烤30秒。

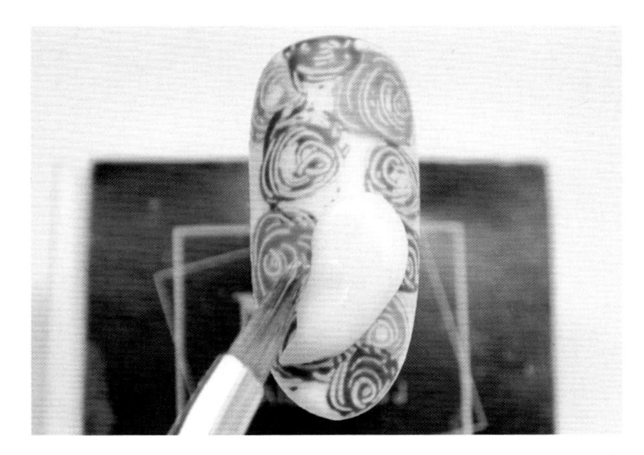

⑥取一些白色压花胶放在指甲前端，用压花笔将其塑造成水滴样子，作为幽灵的身体，不烤灯。

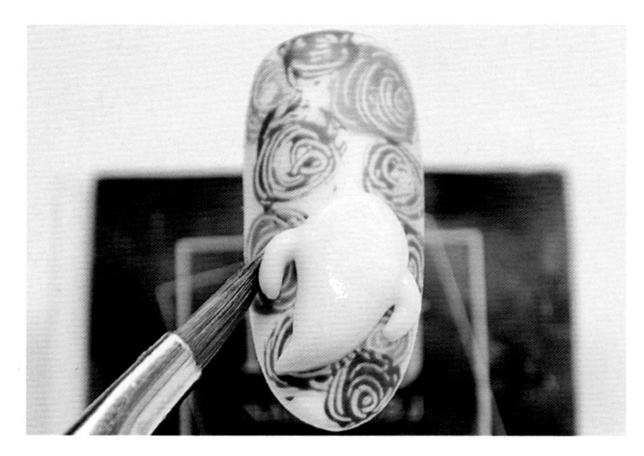

⑦将两小块白色压花胶塑成弧形样子放在“身体”两侧，作为胳膊，灯烤30秒。

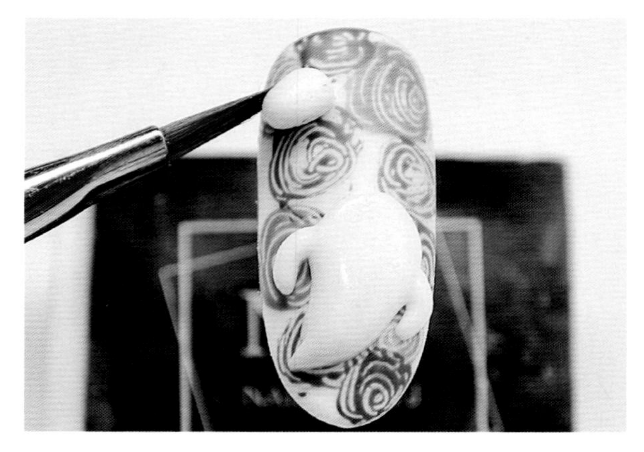

⑧取一些白色压花胶放在指甲底端，不烤灯。

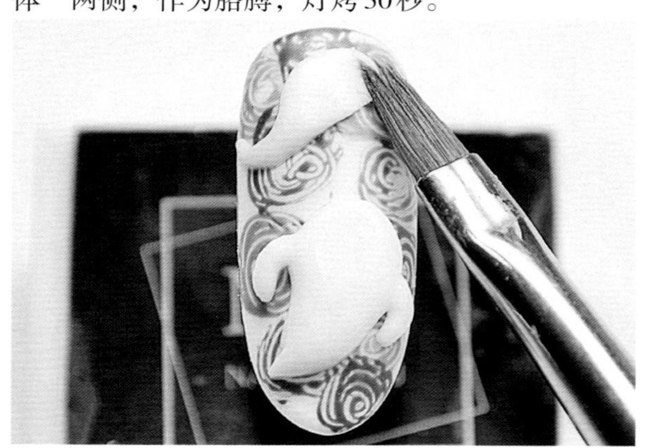

⑨同样，用压花笔塑造出另一个幽灵的“身体”，灯烤30秒。

⑩倒出一些黑色甲油胶，用圆点棒蘸甲油胶在幽灵的身体上各画三个水滴状图形，作为眼睛和嘴巴，灯烤30秒。

⑪在压花胶上涂抹亮光顶胶，灯烤30秒。

⑫完成幽灵压花胶立体造型美甲。

（3）花朵

扫一扫，看美甲视频。

工具：打底胶，黄色甲油胶，透明亮片甲油胶，白色压花胶，亮光顶胶，压花笔，烤灯。

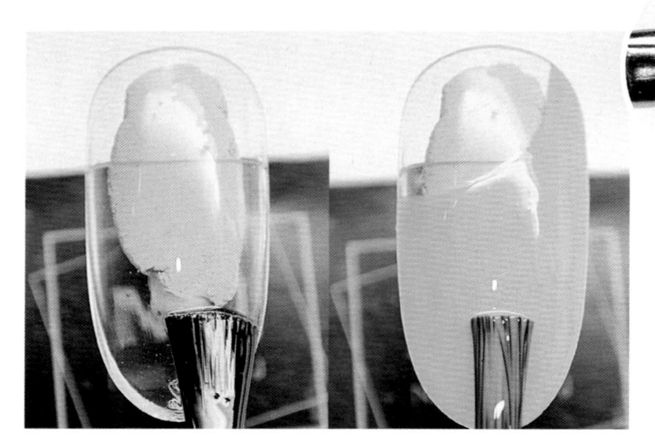

①涂抹打底胶，灯烤30秒。然后在指甲底端空出一部分，在剩余部分涂抹黄色甲油胶，灯烤30秒。

②倒出一些透明亮片甲油胶，用压花笔蘸甲油胶从指甲底端开始涂抹指甲约三分之二，只涂抹在黄色甲油胶上，然后灯烤30秒。

③涂抹亮光顶胶，灯烤30秒。

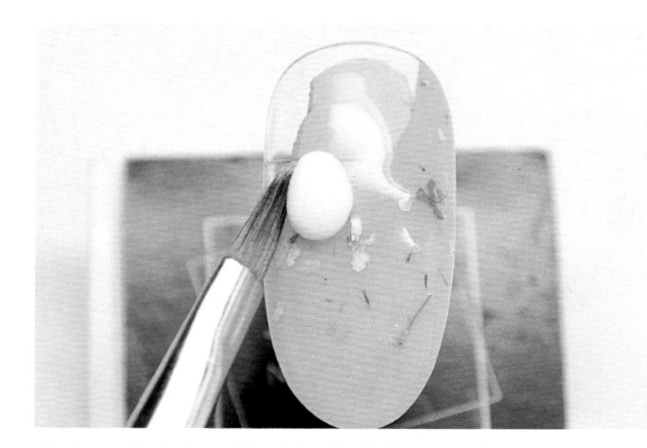

④取一些白色压花胶放在黄色甲油胶边上。

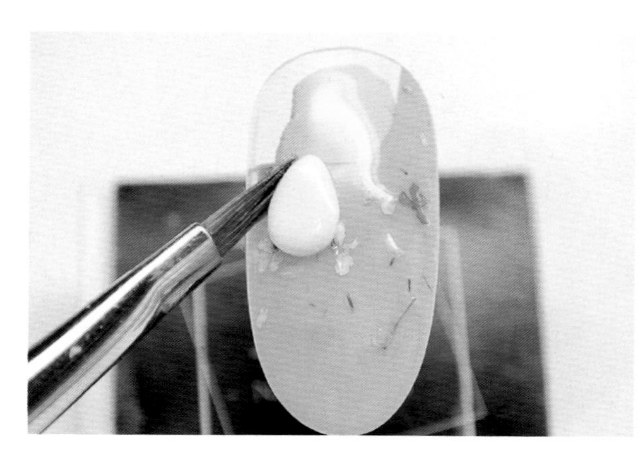

⑤用压花笔将其塑造成水滴样子，作为一片花瓣，不烤灯。

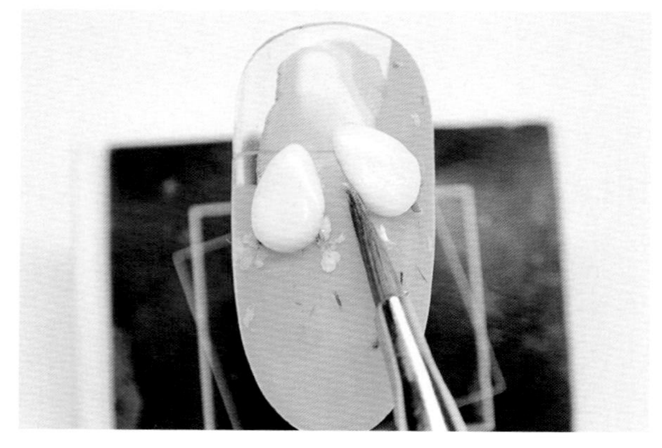

⑥同样，再塑造一片“花瓣”，灯烤30秒。

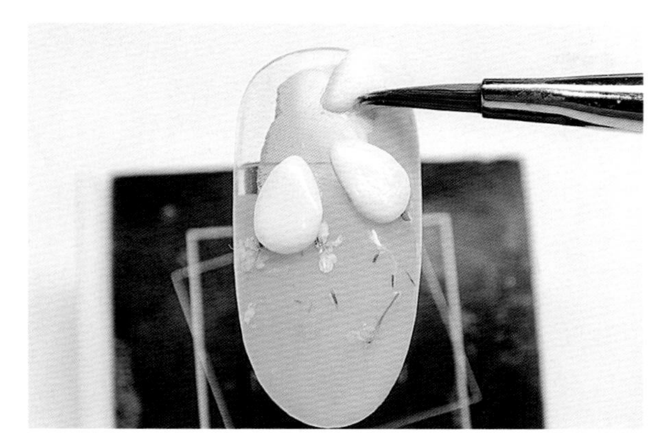

⑦再塑造一片“花瓣”，不烤灯。

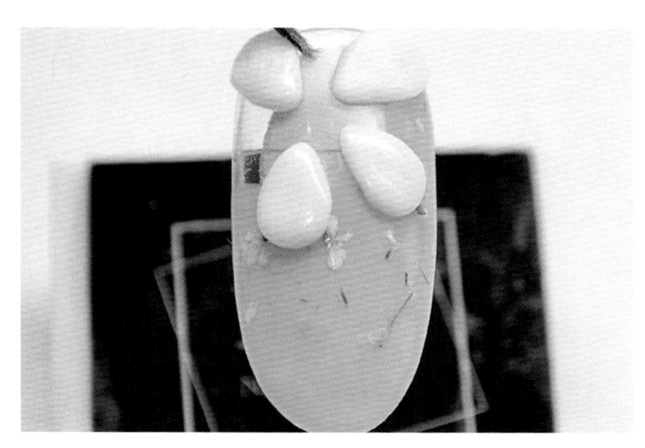

⑧在空白处塑造第四片“花瓣”，这片“花瓣”可以超出指甲，然后灯烤30秒。

⑨在空白处塑造最后一片“花瓣”，也可以超出指甲，然后灯烤30秒。

⑩取一些白色压花胶放在五片“花瓣”中间，用压花笔将其塑成一个圆球，灯烤30秒。

⑪在压花胶上涂抹亮光顶胶，灯烤30秒。

⑫完成指甲底端有花朵的压花胶立体造型美甲。

(4)巧克力

工具：打底胶，浅棕色、褐色、白色、红色甲油胶，白色压花胶，哑光顶胶，亮光顶胶，速干胶，压花笔，拉线笔，装饰品，镊子，烤灯。

①涂抹打底胶，灯烤30秒。然后涂抹浅棕色甲油胶，灯烤30秒。

②涂抹哑光顶胶，灯烤30秒。

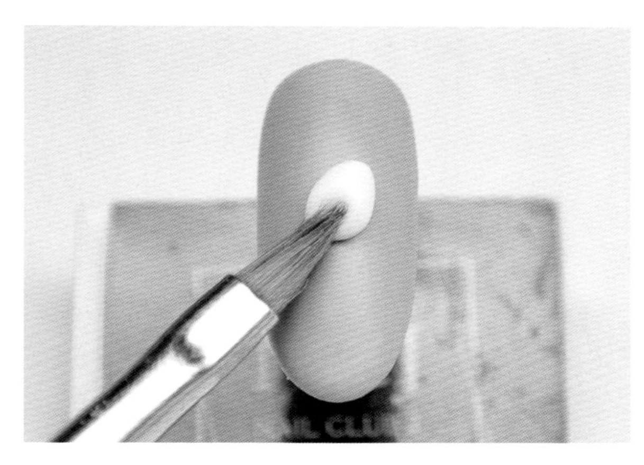

③取一些白色压花胶放在指甲中间。

④用压花笔将压花胶塑造成长方体，不烤灯。

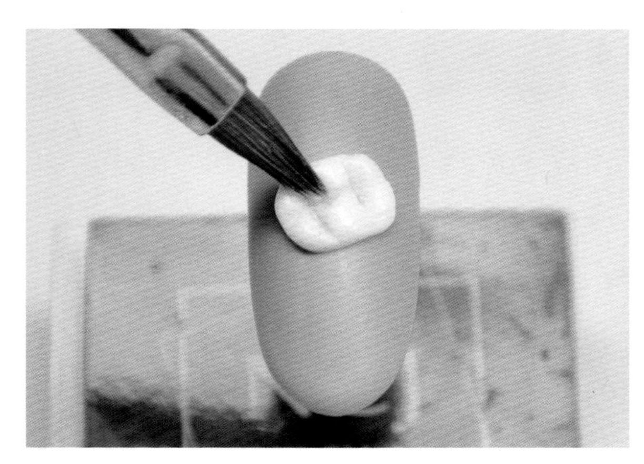

⑤用压花笔在长方体上压痕，将其分成六分，做成巧克力块的样子，灯烤30秒。

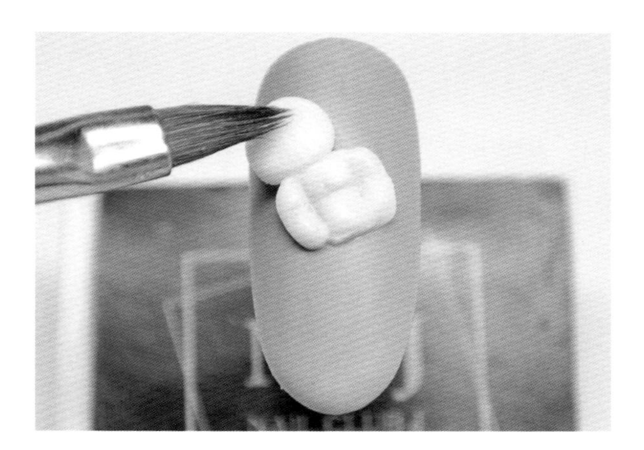

⑥取一些白色压花胶放在“巧克力块”的旁边，用压花笔将其塑成圆球，灯烤30秒。

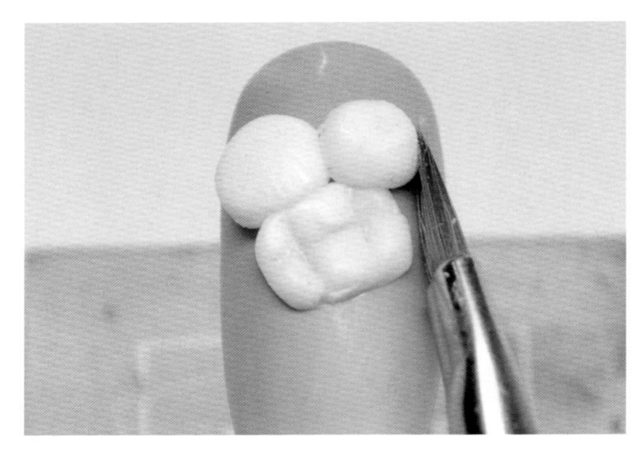

⑦同样，在圆球旁边再塑造一个圆球，灯烤30秒。

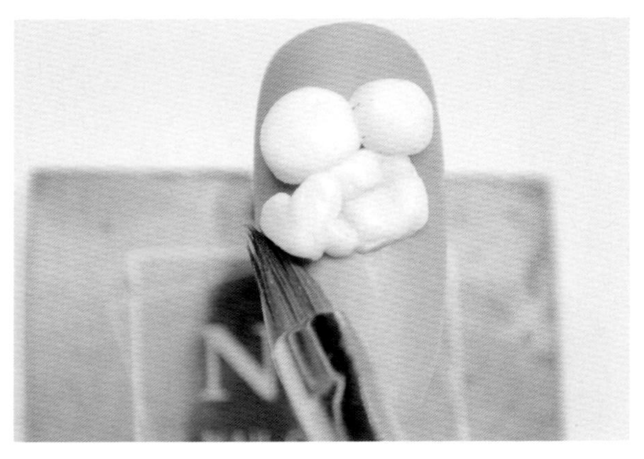

⑧取一些白色压花胶放在“巧克力块”上，并将其塑造成心形，灯烤30秒。

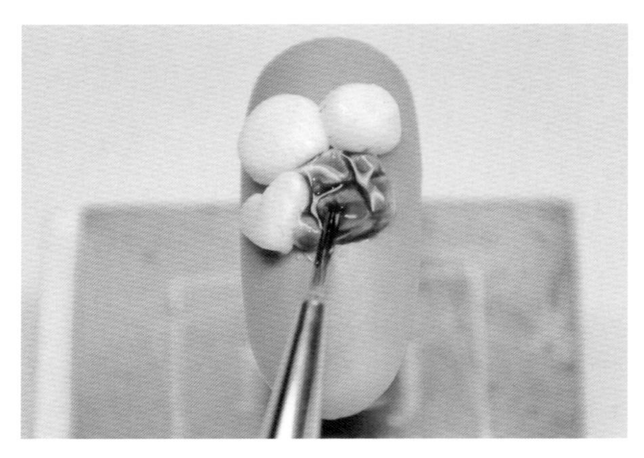

⑨倒出一些褐色甲油胶，用拉线笔蘸甲油胶涂抹在“巧克力块”上，灯烤30秒。

⑩倒出一些浅棕色甲油胶，用拉线笔蘸甲油胶涂抹在一个圆球上，灯烤30秒。

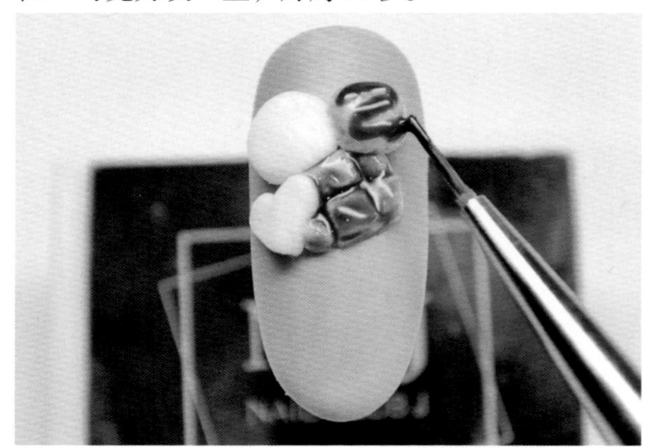

⑪用拉线笔蘸褐色甲油胶在浅褐色的圆球上画曲线，作为糖浆，灯烤30秒。

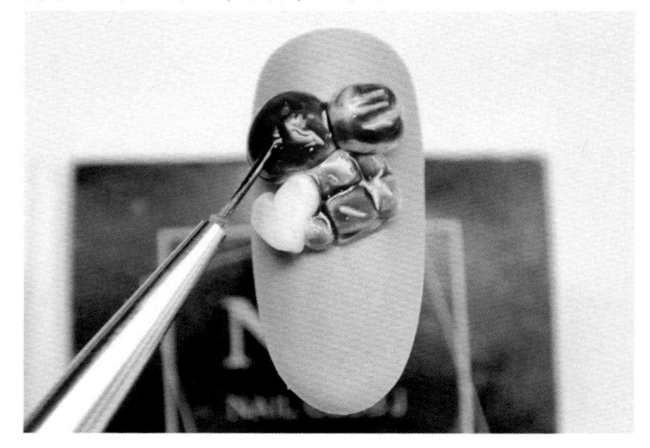

⑫用拉线笔蘸褐色甲油胶涂抹另一个圆球，灯烤30秒。可以多涂几次，每涂一次灯烤30秒，让颜色深一些。

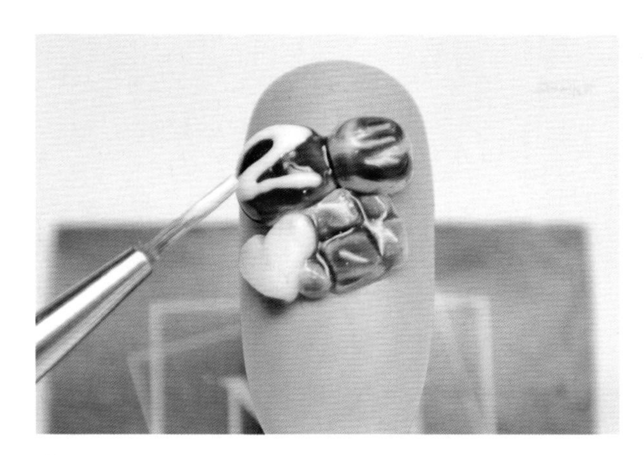

⑬倒出一些白色甲油胶，用拉线笔蘸甲油胶在褐色圆球上画曲线，作为糖浆，灯烤30秒。

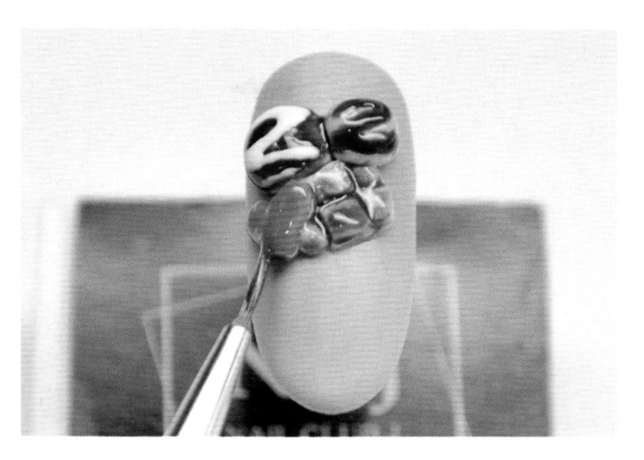

⑭倒出一些红色甲油胶，用拉线笔蘸甲油胶涂抹心形压花胶，灯烤30秒。

⑮在压花胶上涂抹亮光顶胶，灯烤30秒。

⑯在压花胶的空隙里滴速干胶，不烤灯。

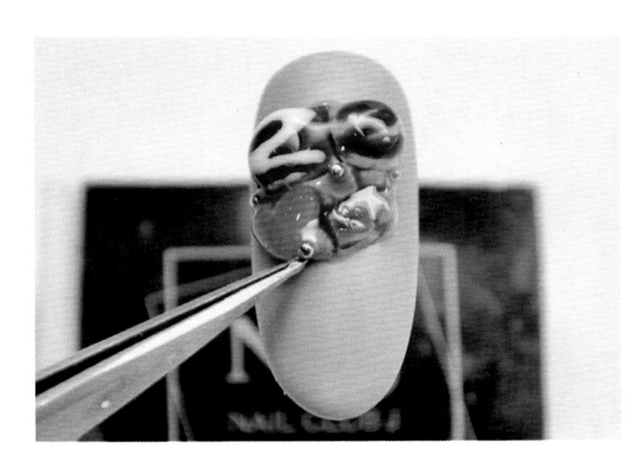

⑰贴上喜欢的装饰品，灯烤30秒。

⑱完成巧克力压花胶立体造型美甲。

练习卡

尝试绘制美甲图案。

（1）绘制格纹。

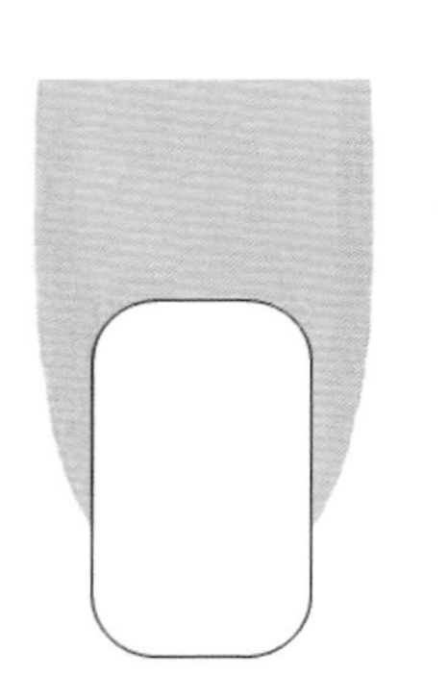

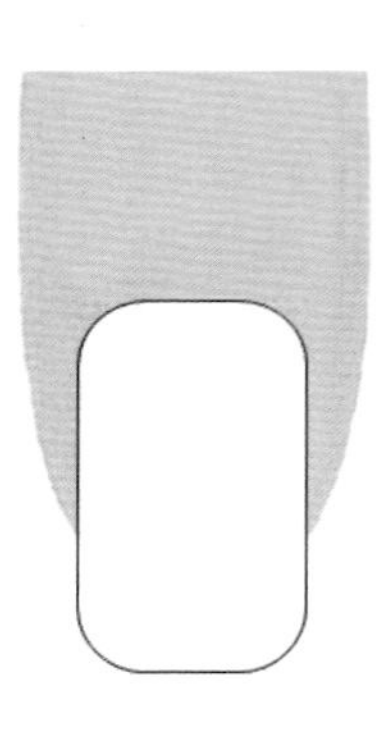

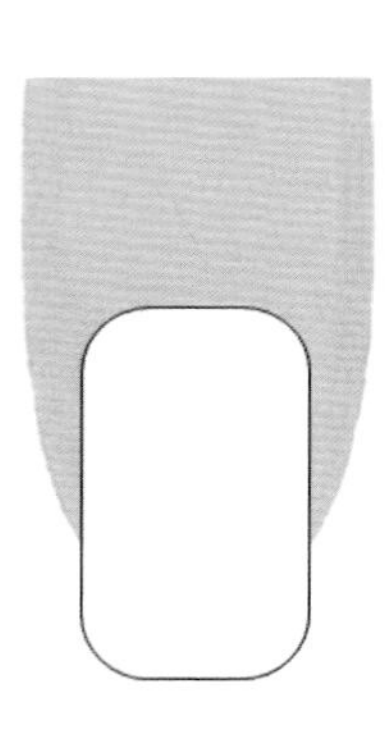

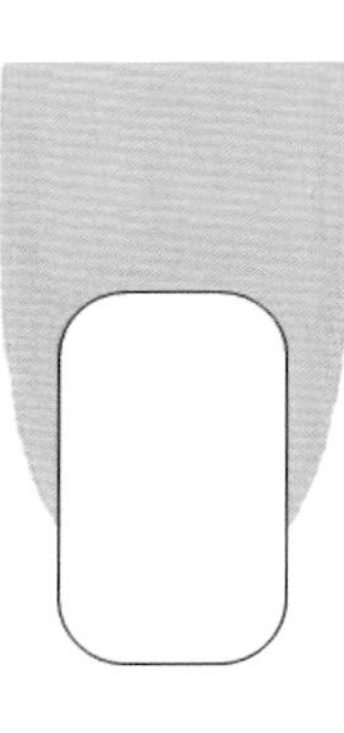

（2）绘制斑马纹。

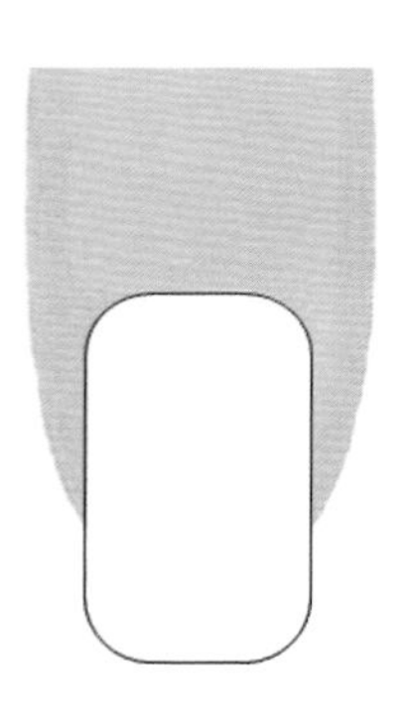

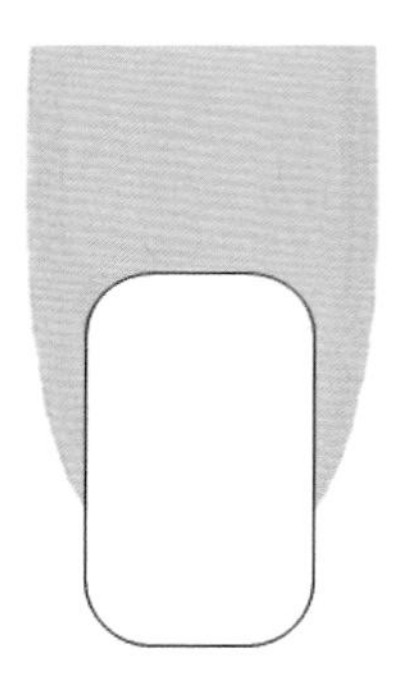

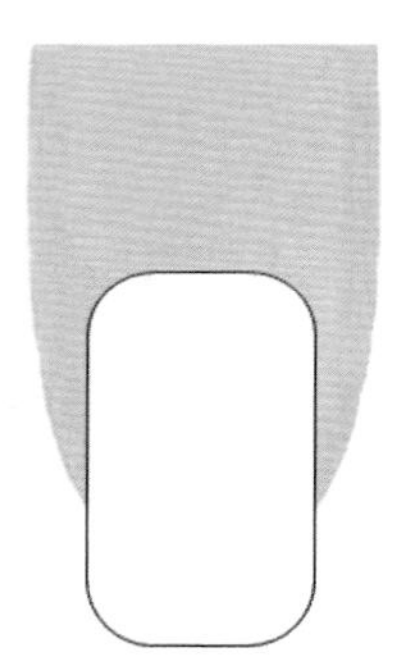

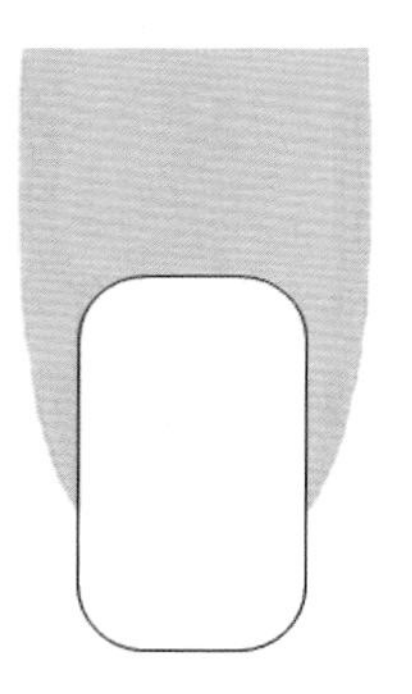

（3）绘制花朵。

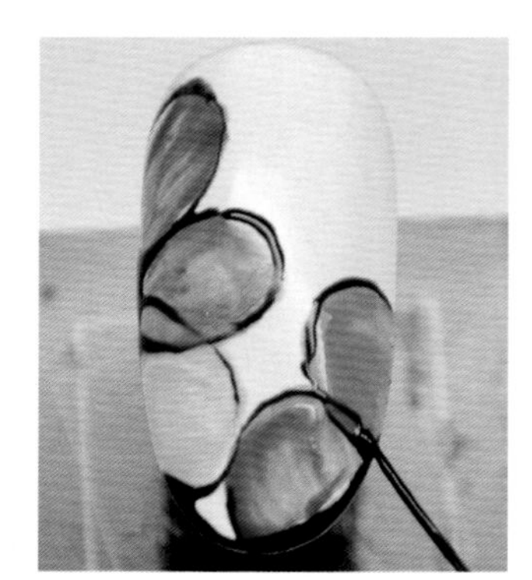

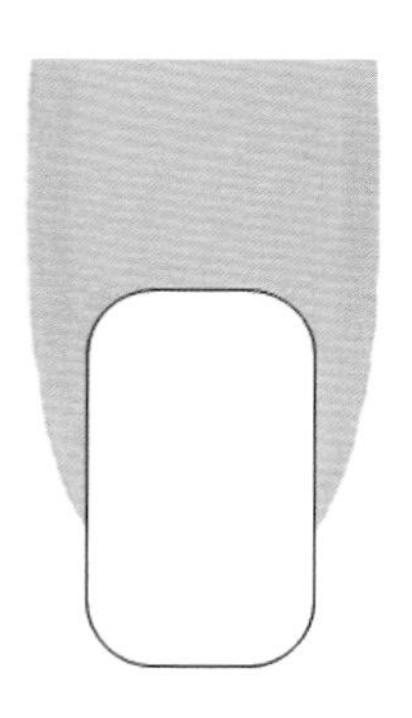

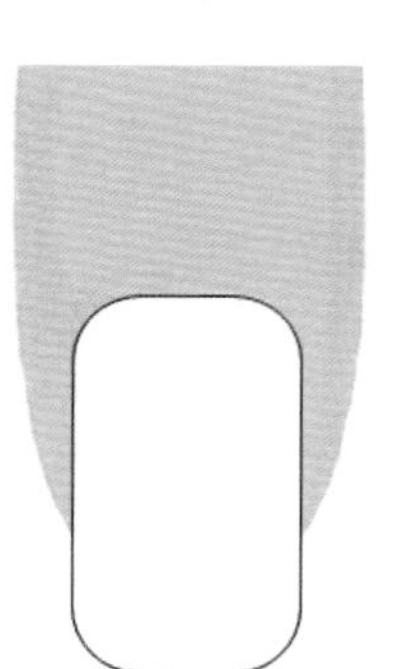

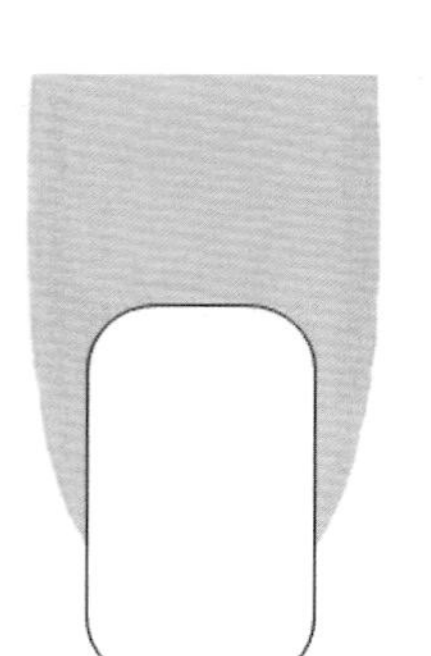

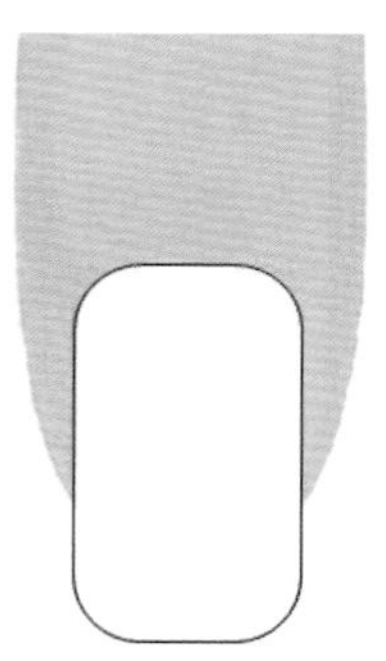

第五章

季节美甲

（一）春季美甲

1.青葱树叶

工具：打底胶，白色、黄色、橄榄绿色甲油胶，速干胶，亮光顶胶，拉线笔，美甲贴纸，镊子，烤灯。

①涂抹打底胶，灯烤30秒。然后涂抹白色甲油胶，灯烤30秒。

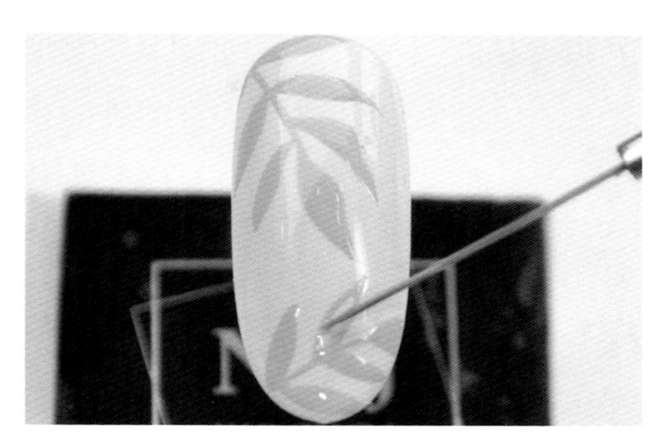

②倒出一些黄色甲油胶，用拉线笔蘸甲油胶在指甲顶端和底端各画一组树叶，灯烤30秒。

③涂抹速干胶，灯烤30秒。这样可以使不同颜色之间的对比更加明显。

④倒出一些橄榄绿色甲油胶，用拉线笔蘸甲油胶在指甲的顶端和底端各画一组树叶，与黄色树叶交错，然后灯烤30秒。

⑤贴上喜欢的美甲贴纸。然后涂抹亮光顶胶，灯烤30秒。

⑥完成与美甲贴纸搭配的青葱树叶美甲。

2.粉嫩花瓣

扫一扫，看美甲视频。

工具： 打底胶，浅黄色甲油胶，透明花瓣亮片甲油胶，亮光顶胶，速干胶，雕花笔，椭圆形模具，装饰品，镊子，烤灯。

①涂抹打底胶，灯烤30秒。

②涂抹浅黄色甲油胶，灯烤30秒。

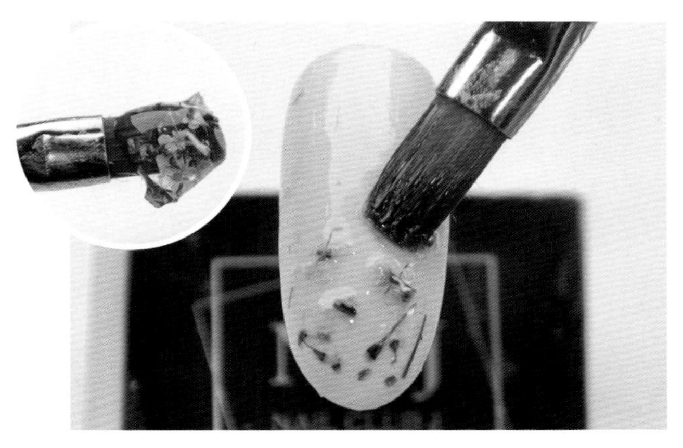

③倒出一些透明花瓣亮片甲油胶，用雕花笔蘸甲油胶从指甲的顶端往底端涂抹大约二分之一，灯烤30秒。

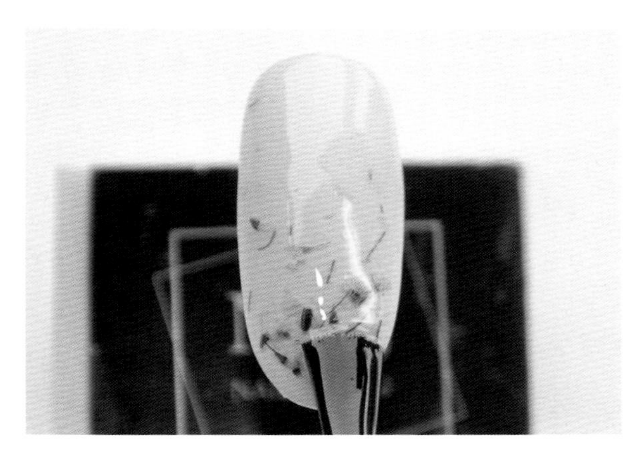

④涂抹亮光顶胶，灯烤30秒。

⑤将透明花瓣亮片甲油胶倒入椭圆形模具，装满后灯烤30秒。

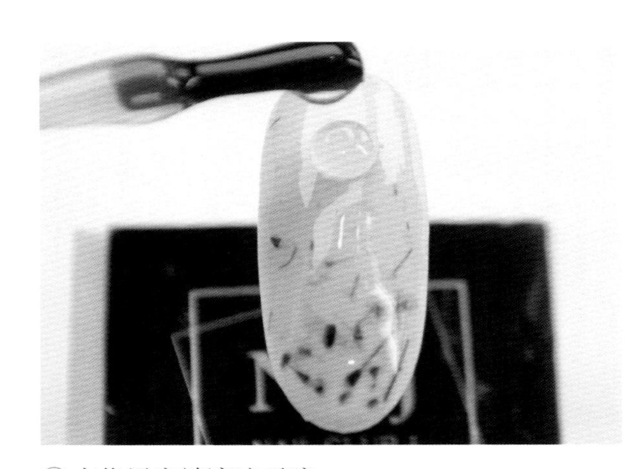

⑥在指甲底端滴速干胶。

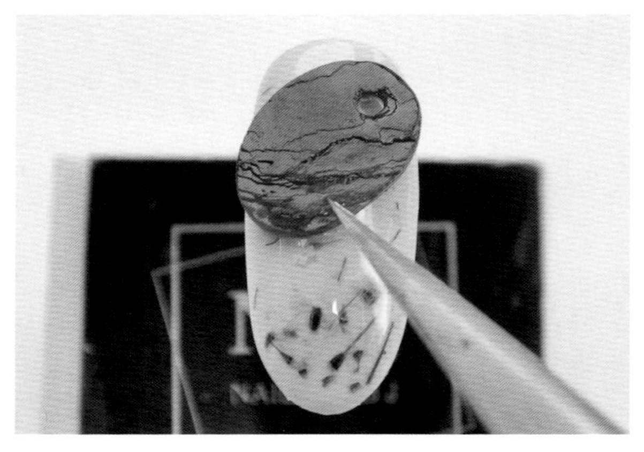

⑦贴上喜欢的装饰品，这个装饰品要大一点儿，不烤灯。

⑧再在装饰品上滴速干胶。

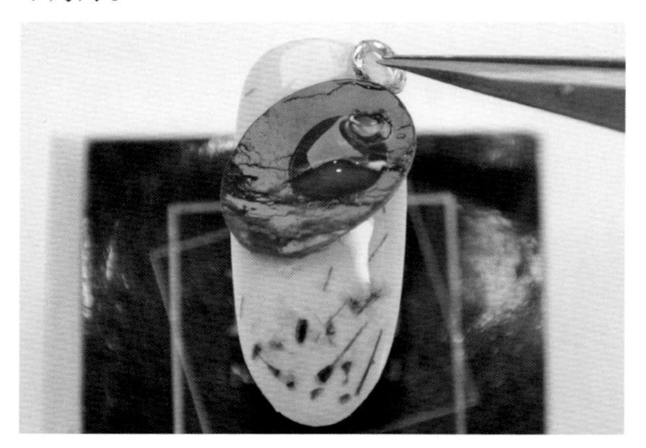

⑨贴上喜欢的装饰品，这个装饰品要薄一点儿，作用是分隔两个较大的装饰品，不烤灯。

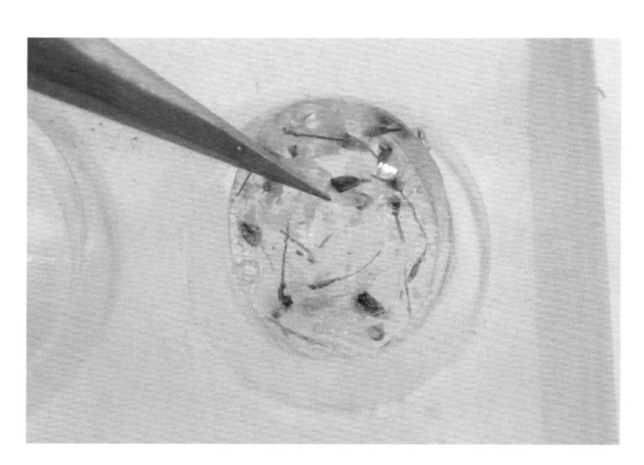

⑩用镊子将模具中硬化的甲油胶块取出来。

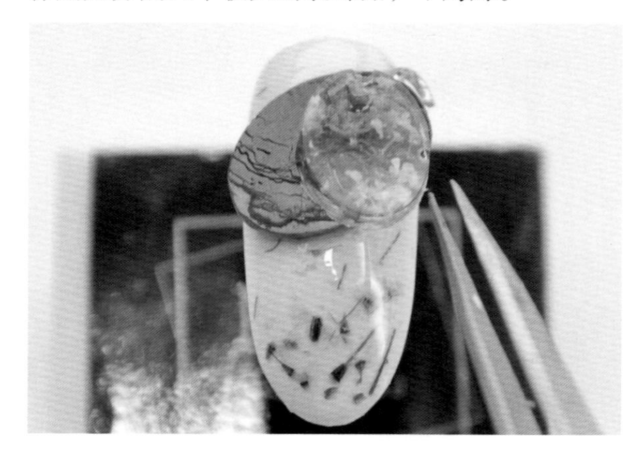

⑪在贴薄装饰品的位置滴速干胶，将硬化的甲油胶块贴上，然后灯烤30秒。

⑫完成与自制装饰品搭配的花瓣美甲。注意：我用两种颜色不同的较大的装饰品制作了两款美甲，表现出了不同的风格。

（二）夏季美甲

1. 明艳花朵

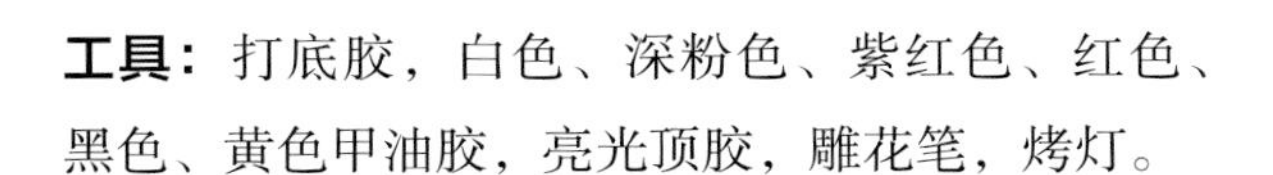

工具： 打底胶，白色、深粉色、紫红色、红色、黑色、黄色甲油胶，亮光顶胶，雕花笔，烤灯。

①涂抹打底胶，灯烤30秒。

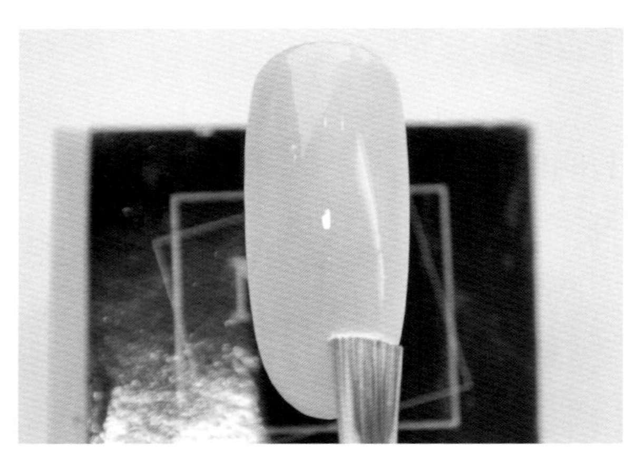

②涂抹白色甲油胶，灯烤30秒。

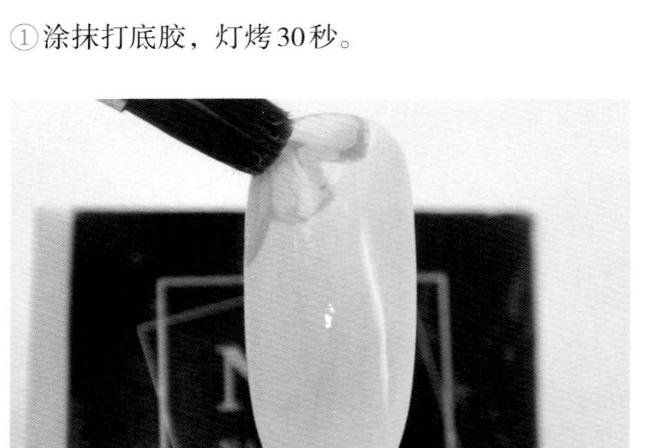

③倒出一些深粉色甲油胶，用雕花笔蘸甲油胶在指甲底端画三片花瓣，不烤灯。

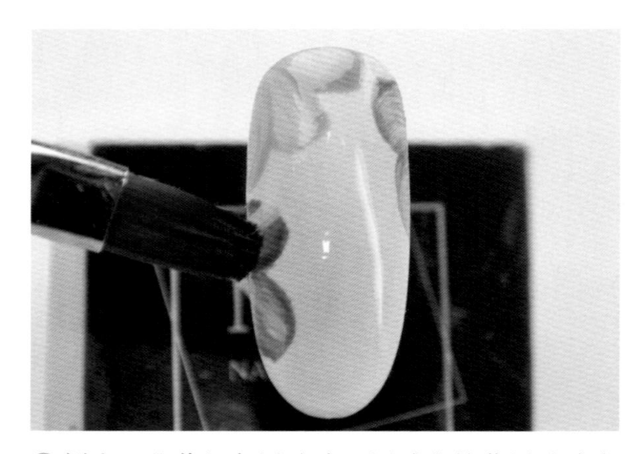

④倒出一些紫红色甲油胶，用雕花笔蘸甲油胶在指甲两侧各画两片花瓣，不烤灯。

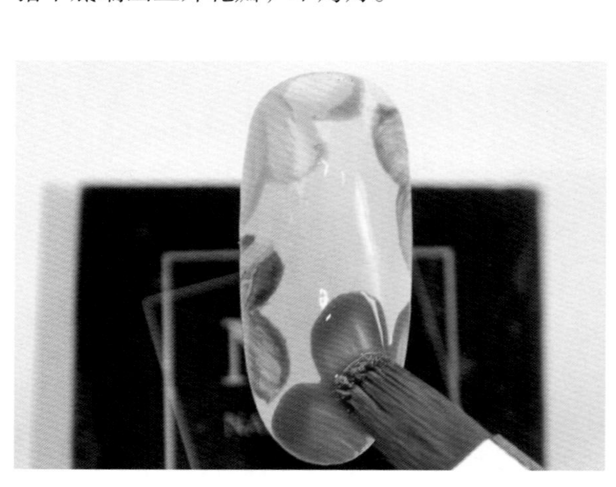

⑤倒出一些红色甲油胶，用雕花笔蘸甲油胶在指甲顶端画三片花瓣，灯烤30秒。

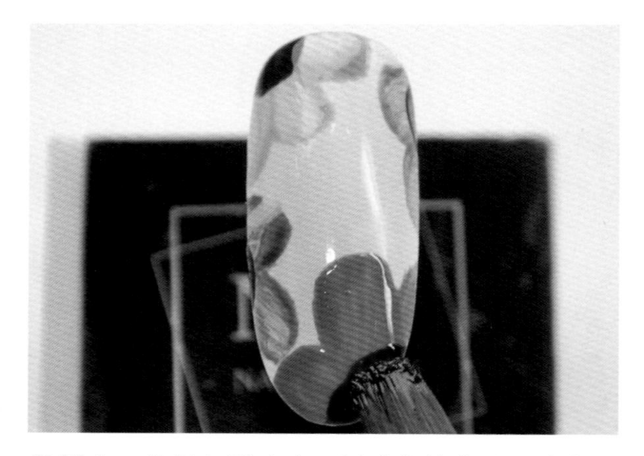

⑥倒出一些黑色甲油胶，用雕花笔蘸甲油胶在花瓣中间画半圆，灯烤30秒。

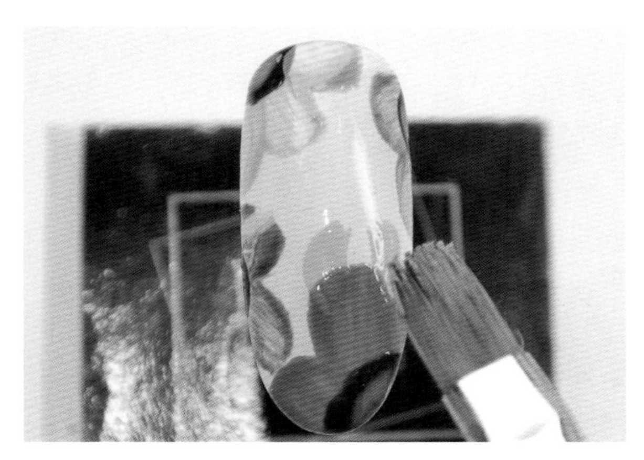

⑦倒出一些黄色甲油胶，用雕花笔蘸甲油胶在黑色半圆中间画小一点儿的半圆，并在红色花瓣外侧再画两片花瓣，然后灯烤30秒。

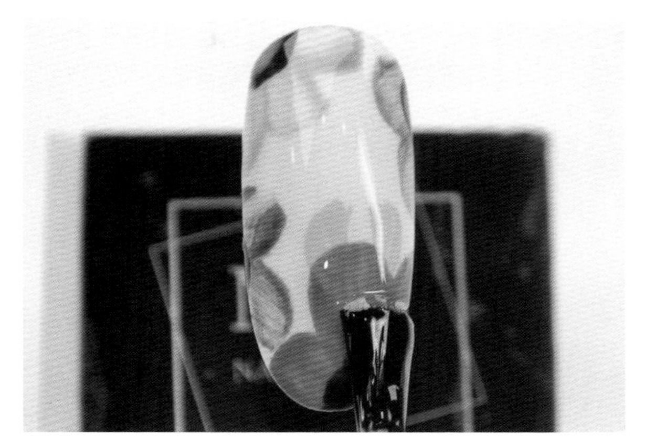

⑧涂抹亮光顶胶，灯烤30秒。

⑨完成明艳花朵美甲。

2.荧光字母

工具： 打底胶，白色、荧光黄色、荧光粉色、荧光蓝色、荧光橙色甲油胶，亮光顶胶，字母美甲贴纸，镊子，烤灯。

①涂抹打底胶，灯烤30秒。

②涂抹白色甲油胶，灯烤30秒。

③再涂抹一层白色甲油胶，不烤灯。

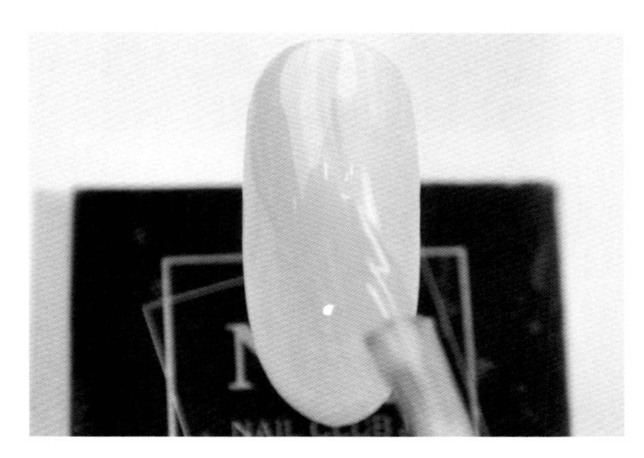

④用荧光黄色甲油胶沿指甲对角线刷一道，不烤灯。

⑤用荧光粉色甲油胶沿另一条对角线刷到一半，不烤灯。

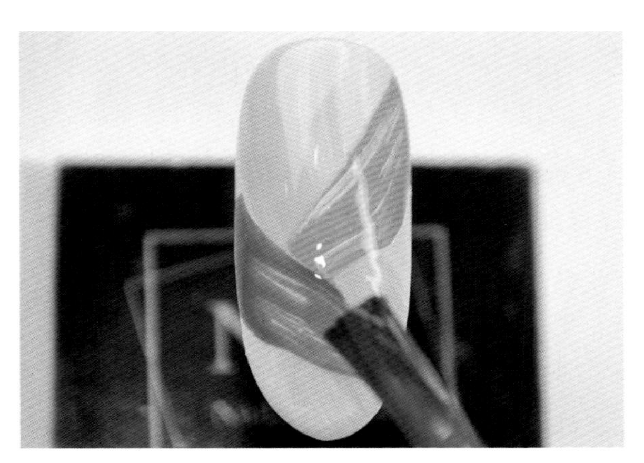

⑥用荧光蓝色甲油胶沿指甲顶端二分之一部分的对角线刷一道，不烤灯。

⑦用荧光橙色甲油胶补全荧光粉色对角线的另一半，在与荧光蓝色甲油胶重合的地方补一点儿荧光蓝色甲油胶，形成遮盖效果，然后灯烤30秒。

⑧贴上喜欢的字母美甲贴纸。

⑨涂抹亮光顶胶，灯烤30秒。

⑩完成四色荧光字母美甲。

3.深海网格

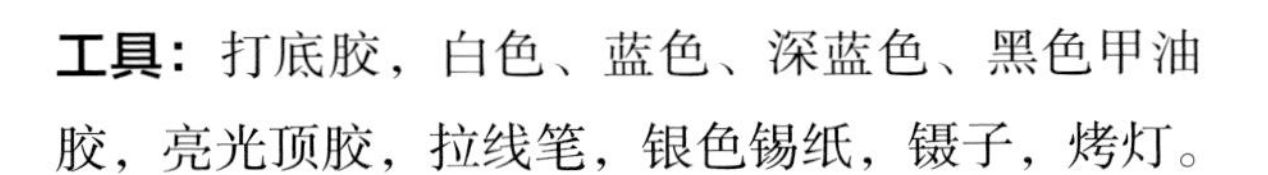

工具：打底胶，白色、蓝色、深蓝色、黑色甲油胶，亮光顶胶，拉线笔，银色锡纸，镊子，烤灯。

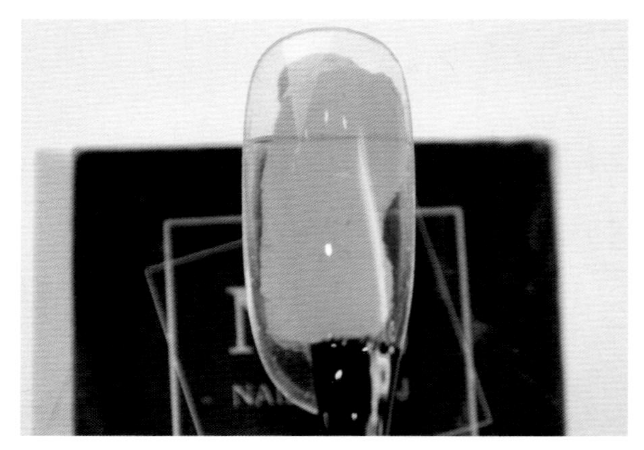

①涂抹打底胶，灯烤30秒。

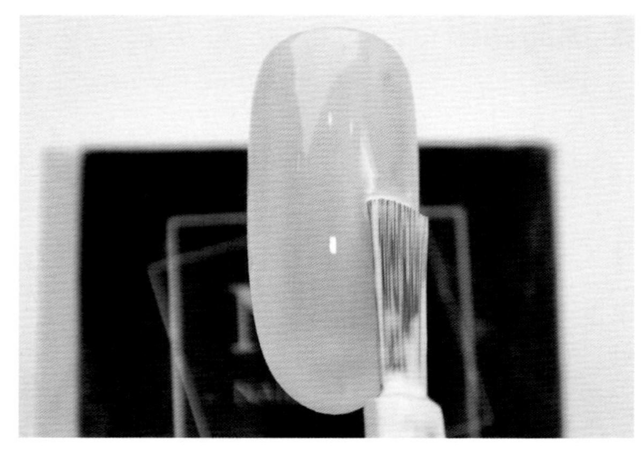

②涂抹白色甲油胶，灯烤30秒。

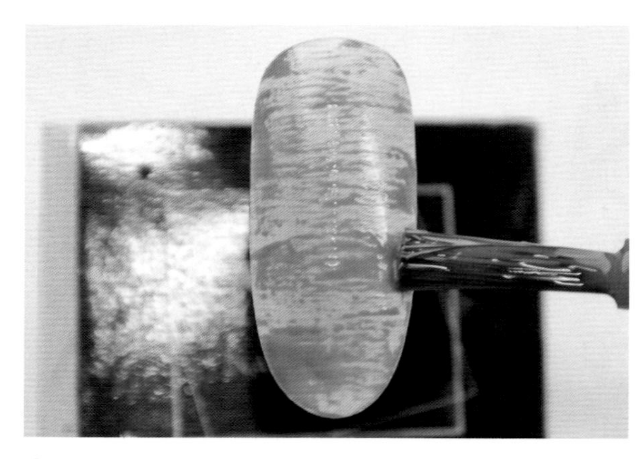

③将蓝色甲油胶刷头上的甲油胶在瓶口压掉，只留少量甲油胶，用刷头在指甲上横向涂抹，然后灯烤30秒。

④同样，横向涂抹深蓝色甲油胶，灯烤30秒。

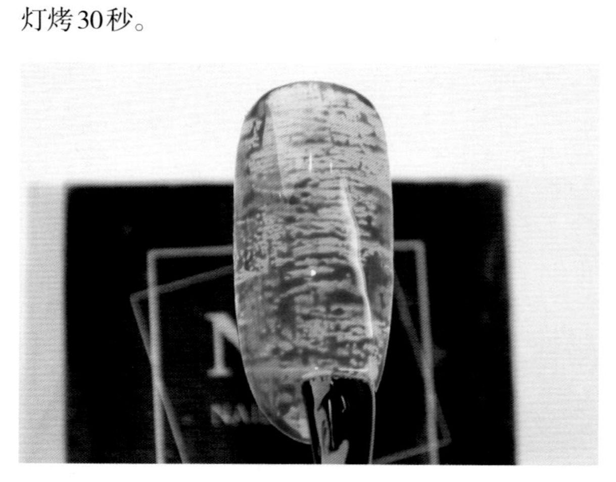

⑤涂抹亮光顶胶，灯烤30秒。

⑥倒出一些黑色甲油胶，用拉线笔蘸甲油胶在指甲上画上不规则网格，不烤灯。

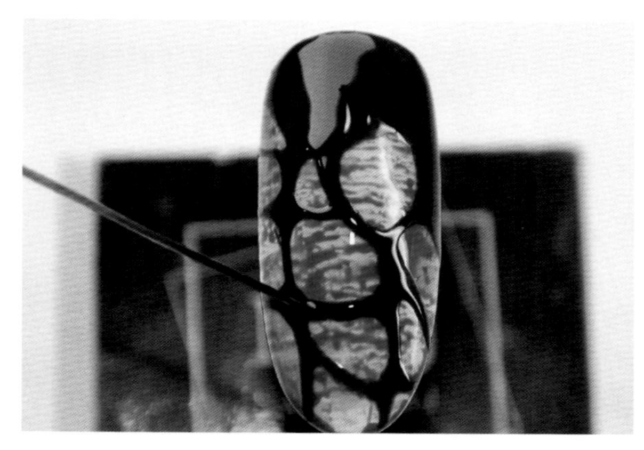

⑦用黑色甲油胶涂抹指甲底端并加粗网格线，灯烤30秒。

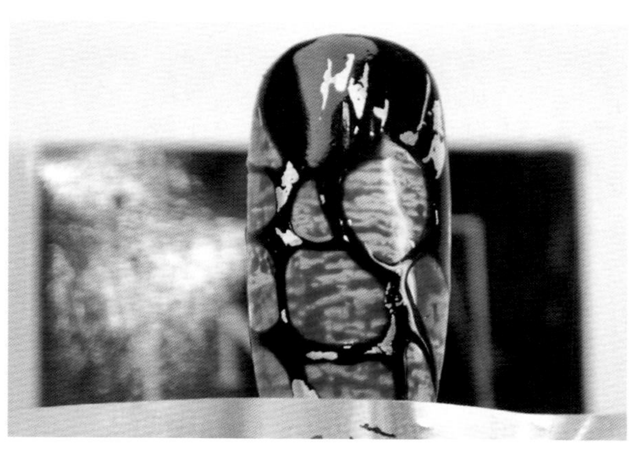

⑧用镊子夹碎银色锡纸，将碎片贴在黑色甲油胶上。

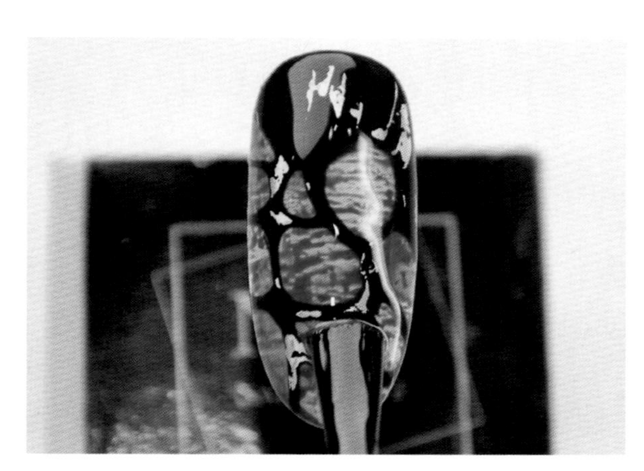

⑨涂抹亮光顶胶，灯烤30秒。

⑩完成底端为黑色的深海网格美甲。

4.眼睛艺术

工具：打底胶，黑色、白色、荧光粉色、荧光绿色甲油胶，亮光顶胶，拉线笔，圆点棒，烤灯。

①涂抹打底胶，灯烤30秒。然后涂抹黑色甲油胶，灯烤30秒。

②倒出一些白色甲油胶，用拉线笔蘸甲油胶在指甲中间画一个橄榄形图案，作为眼睛，灯烤30秒。

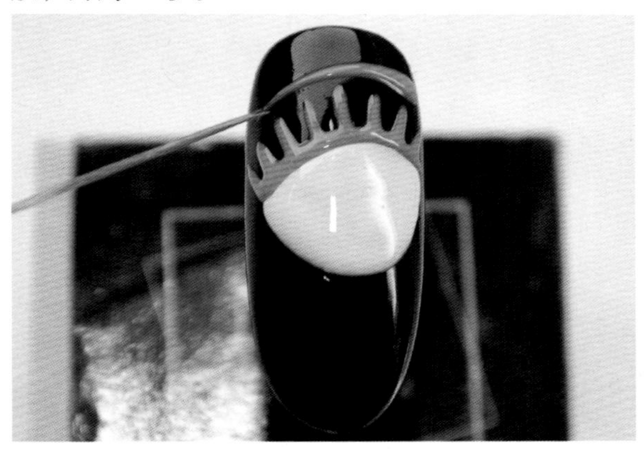

③倒出一些荧光粉色甲油胶，用拉线笔蘸甲油胶在眼睛靠近指甲底端的一侧画眉毛和睫毛，灯烤30秒。

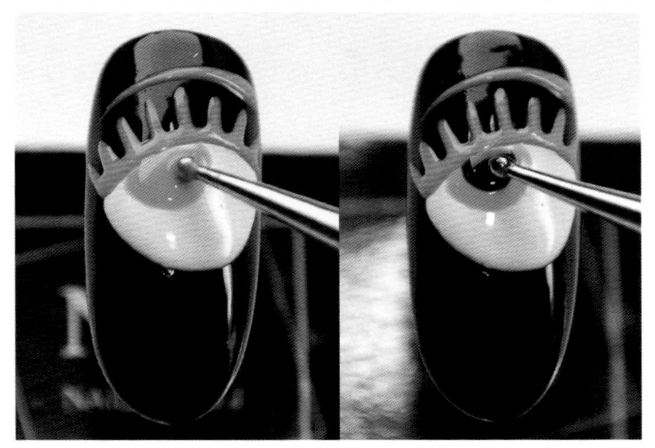

④倒出一些荧光绿色甲油胶，用圆点棒蘸甲油胶在睫毛下画半圆，作为眼球，灯烤30秒。然后倒出一些黑色甲油胶，用圆点棒蘸甲油胶在“眼球”上画大半个半圆，灯烤30秒。

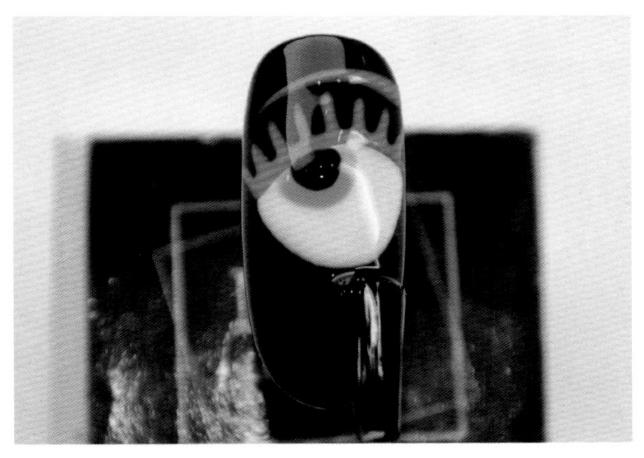

⑤涂抹亮光顶胶，灯烤30秒。

⑥完成眼睛艺术美甲。

（三）秋季美甲

1. 黄色树叶

工具： 打底胶，浅芥末色、浅橙色、褐色、黑色、荧光橙色甲油胶，亮光顶胶，拉线笔，烤灯。

①涂抹打底胶，灯烤30秒。然后涂抹淡芥末色甲油胶，灯烤30秒。

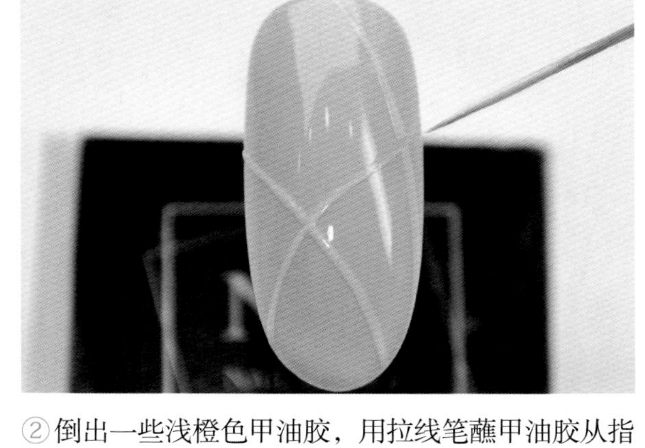

②倒出一些浅橙色甲油胶，用拉线笔蘸甲油胶从指甲顶端画两条交叉线至指甲二分之一处，再从指甲底端画一条线至指甲二分之一处，然后灯烤30秒。

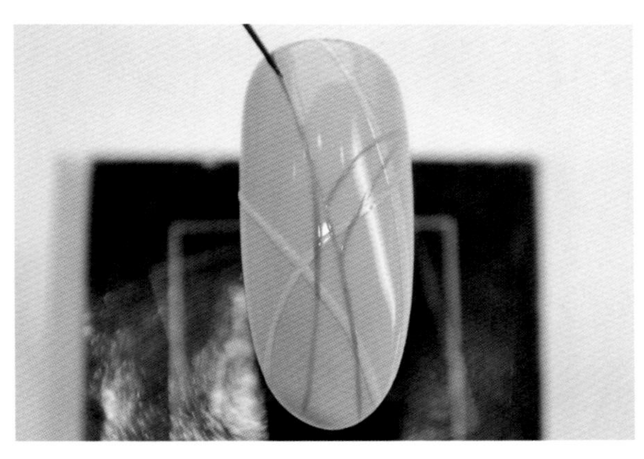

③倒出一些褐色甲油胶，用拉线笔蘸甲油胶在指甲中间画四条竖向线，灯烤30秒。

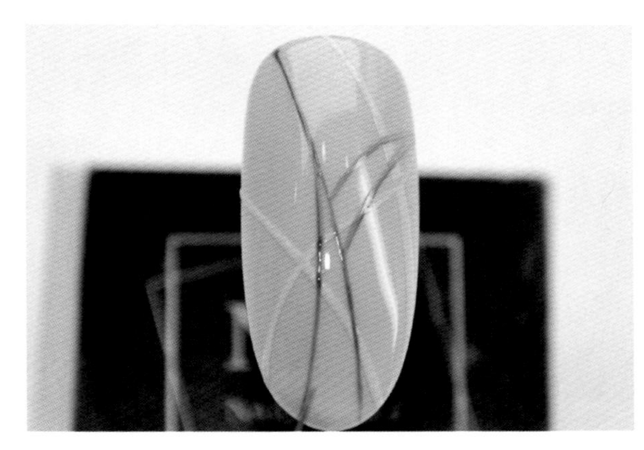

④倒出一些黑色甲油胶，用拉线笔蘸甲油胶在褐色线上重叠着画线，但线条要比褐色线细，然后灯烤30秒。

⑤用拉线笔蘸浅橙色甲油胶在指甲底端画一片树叶，连接在褐色线上，不烤灯。

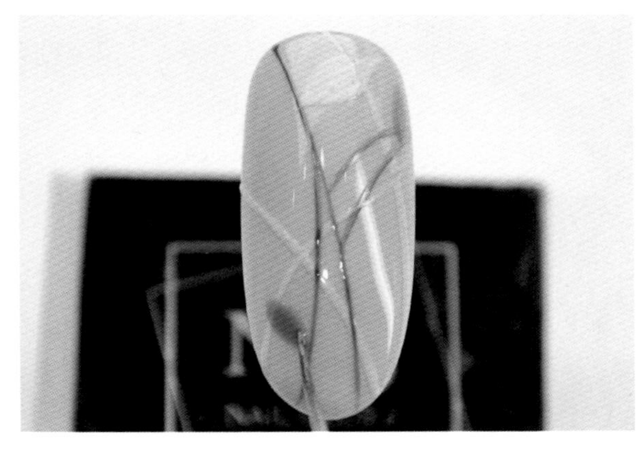

⑥用拉线笔蘸褐色甲油胶在指甲顶端和底端各画一片树叶，连接在褐色线上，不烤灯。

⑦用拉线笔蘸荧光橙色甲油胶在指甲中间画一片树叶，连接在褐色线上，然后灯烤30秒。

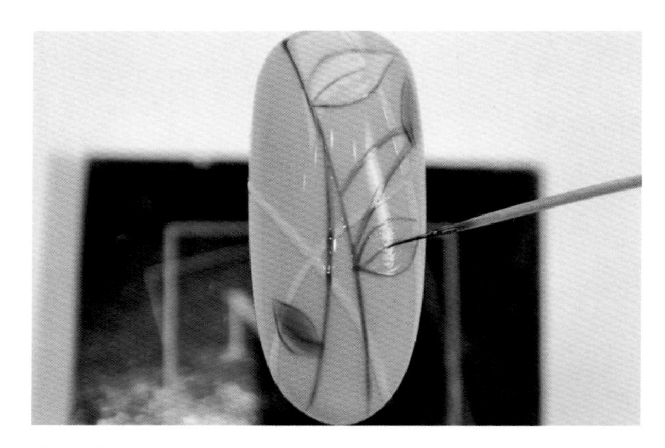

⑧用拉线笔蘸黑色甲油胶给树叶描边并画上主叶脉，灯烤30秒。

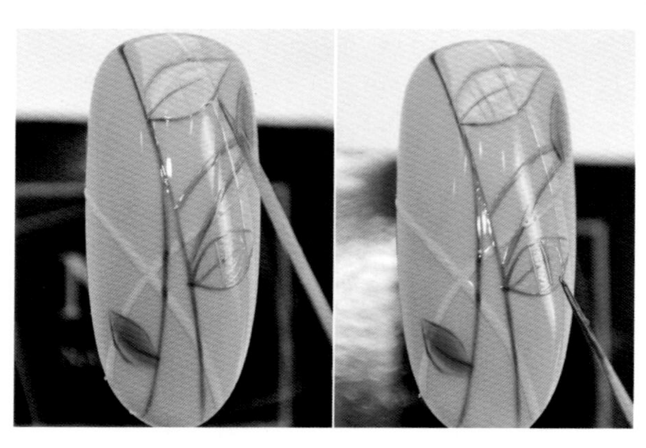

⑨用拉线笔蘸荧光橙色甲油胶在浅橙色和荧光橙色树叶上各画两条与主叶脉垂直的线，不烤灯。然后用拉线笔蘸褐色甲油胶在这两片树叶上再画一条与主叶脉垂直的线，不烤灯。

⑩用拉线笔蘸浅橙色甲油胶在荧光橙色叶片上再加一条与主叶脉垂直的线，灯烤30秒。

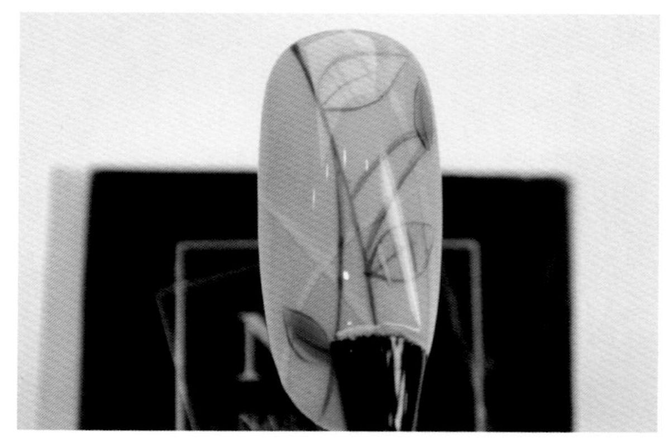

⑪涂抹亮光顶胶，灯烤30秒。

⑫完成四片叶子的黄色树叶美甲。

2.野生秋草

工具：打底胶，白色、橄榄色、红棕色、金色甲油胶，速干胶，拉线笔，烤灯。

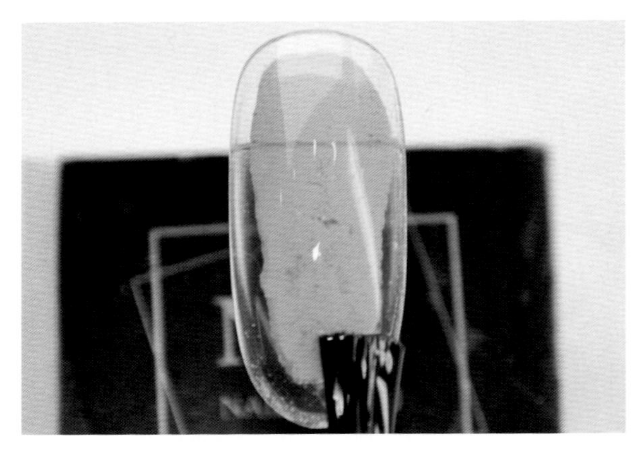

①涂抹打底胶，灯烤30秒。

②涂抹白色甲油胶，灯烤30秒。

③再涂抹一层白色甲油胶，不烤灯。

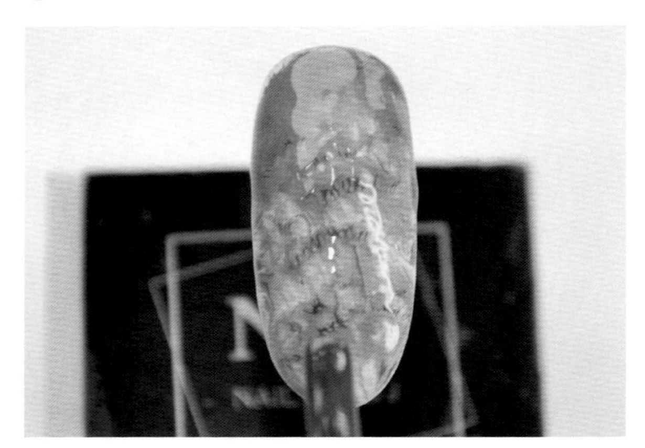

④用橄榄色甲油胶的刷头轻轻拍打着涂抹指甲，使白色甲油胶和橄榄色甲油胶混合，但不要混合得太均匀，然后灯烤30秒。

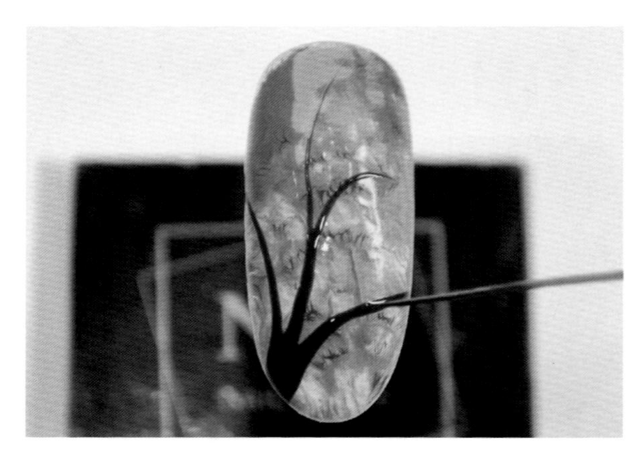

⑤倒出一些红棕色甲油胶，用拉线笔蘸甲油胶从指甲顶端向底端画四条长短不一的曲线，不烤灯。

⑥沿着曲线画出饱满的叶子，灯烤30秒。

⑦倒出一些金色甲油胶，用拉线笔蘸甲油胶在指甲前二分之一上画两条交叉线，灯烤30秒。

⑧涂抹速干胶，灯烤30秒。

⑨完成指甲顶端有金色线的野生秋草美甲。

3.深色花朵

扫一扫，看美甲视频。

工具：打底胶，白色、橄榄色、深红色、芥末色、黑色甲油胶，亮光顶胶，速干胶，拉线笔，圆点棒，美甲贴纸，镊子，烤灯。

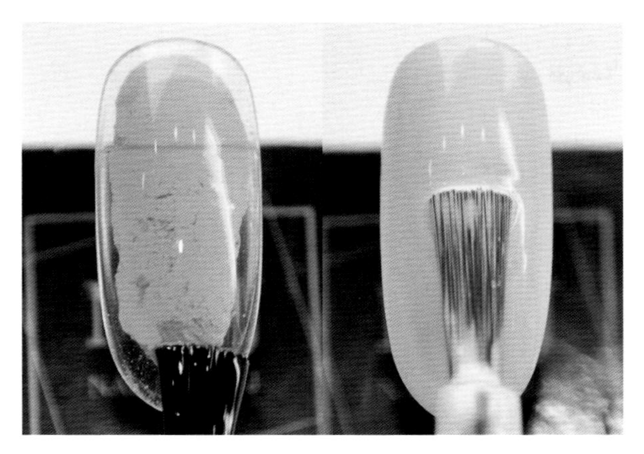

①涂抹打底胶，灯烤30秒。然后涂抹白色甲油胶，灯烤30秒。

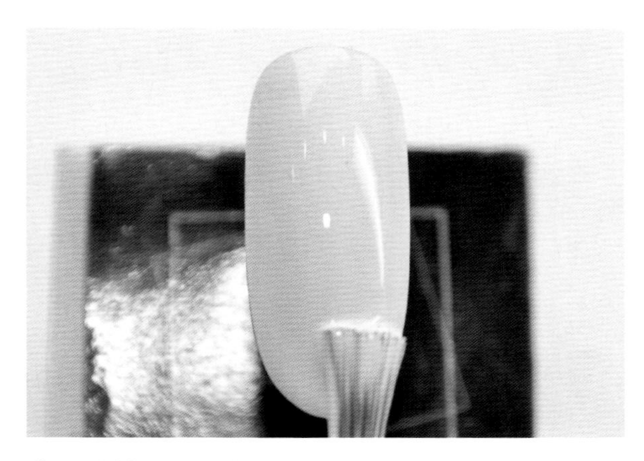

②再涂抹一层白色甲油胶，不烤灯。

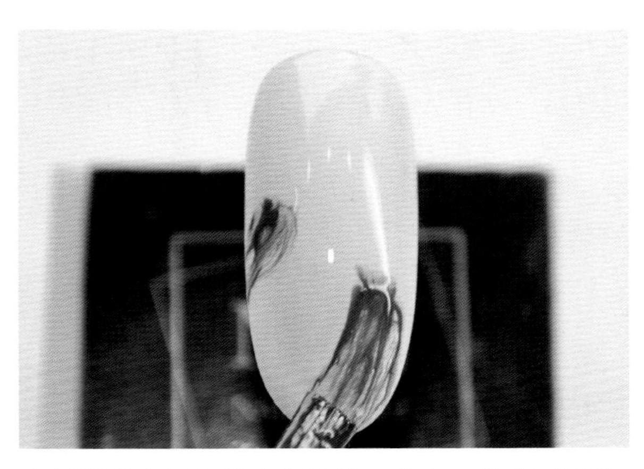

③用橄榄色甲油胶在指甲前二分之一随意画两道，不烤灯。

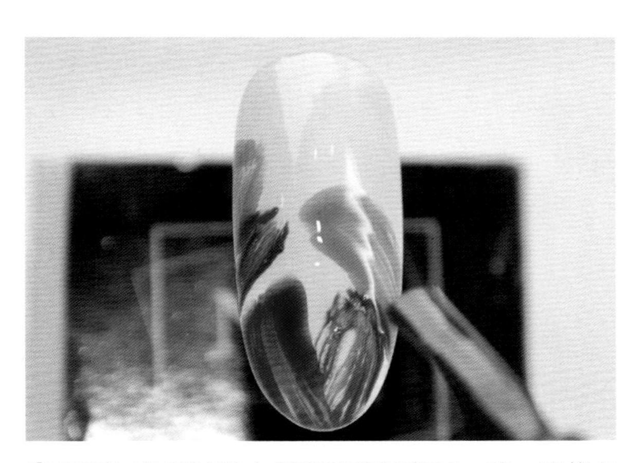

④用深红色甲油胶在指甲顶端随意画一道，用芥末色甲油胶在指甲中部随意画两道，然后灯烤30秒。

⑤在指甲顶端点一滴黑色甲油胶，不烤灯。

⑥用拉线笔将黑色甲油胶向指甲底端拉出多条线条，灯烤30秒。

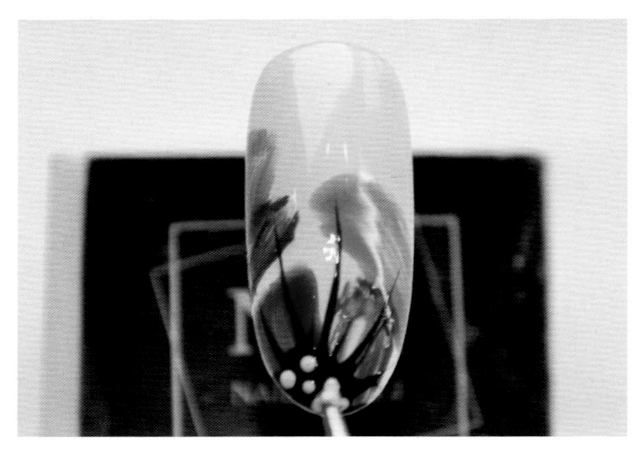

⑦倒出一些白色甲油胶，用圆点棒蘸甲油胶在黑色甲油胶上点几个圆点，灯烤30秒。

⑧选择喜欢的美甲贴纸贴在指甲底端的白色甲油胶上。

⑨涂抹亮光顶胶，灯烤30秒。

⑩在指甲上滴几滴速干胶，做出水珠的效果，然后灯烤30秒。

⑪在水珠上涂抹亮光顶胶，灯烤30秒。

⑫完成与美甲贴纸搭配的深色花朵美甲。

4.金色枫叶

扫一扫，看美甲视频。

工具：打底胶，白色、黄色、橙色、黑色甲油胶，速干胶，雕花笔，拉线笔，烤灯。

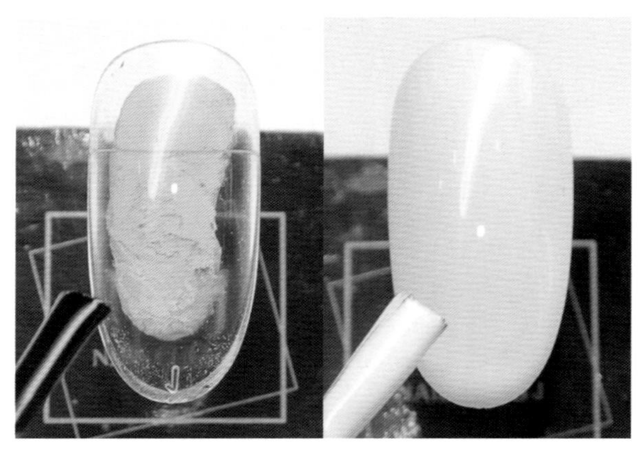

①涂抹打底胶，灯烤30秒。然后涂抹白色甲油胶，灯烤30秒。

②薄薄地涂抹一层打底胶，不烤灯。

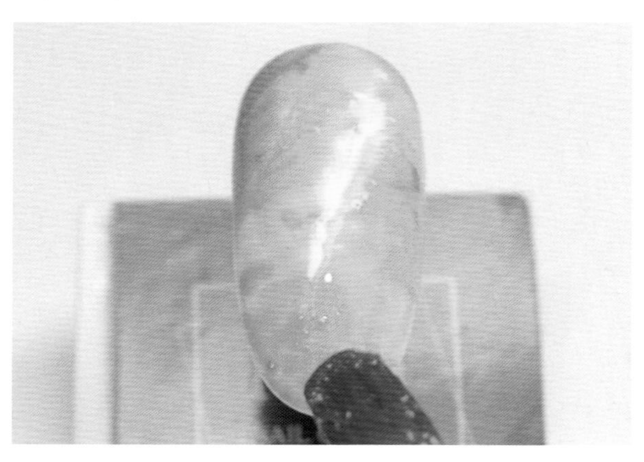

③倒出一些黄色和橙色甲油胶，用雕花笔分别蘸甲油胶拍打上色，并使两种颜色混合起来，但不要混合得太均匀，做出大理石纹路，然后灯烤30秒。

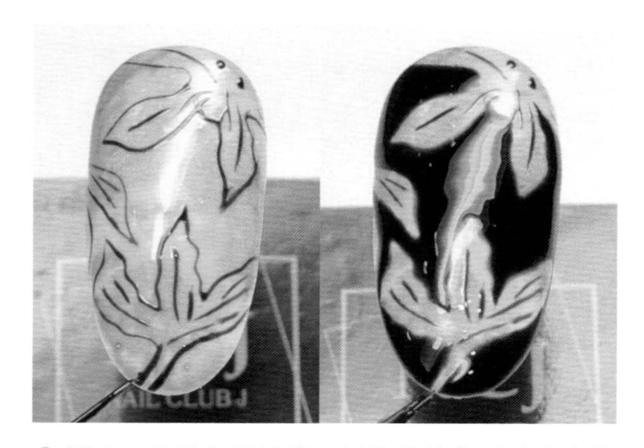

④倒出一些黑色甲油胶，用拉线笔蘸甲油胶在指甲上画三片枫叶和枫叶上的主要叶脉，灯烤30秒。然后将枫叶以外的部分涂成黑色，灯烤30秒。

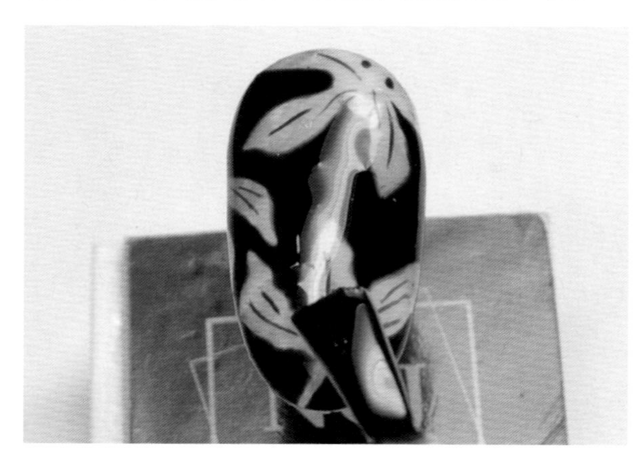

⑤涂抹速干胶，灯烤30秒。

⑥完成三片叶子的金色枫叶美甲。

（四）冬季美甲

1.清凉树叶

扫一扫，看美甲视频。

工具： 打底胶，白色、蓝色、灰色、浅蓝色、黑色甲油胶，速干胶，雕花笔，拉线笔，烤灯。

①涂抹打底胶，灯烤30秒。

②涂抹白色甲油胶，灯烤30秒。

③倒出一些蓝色甲油胶，用雕花笔蘸甲油胶在指甲上随意画三道，不烤灯。

④倒出一些灰色甲油胶，用雕花笔蘸甲油胶在蓝色图案旁随意画三道，与蓝色图案稍重叠，不烤灯。

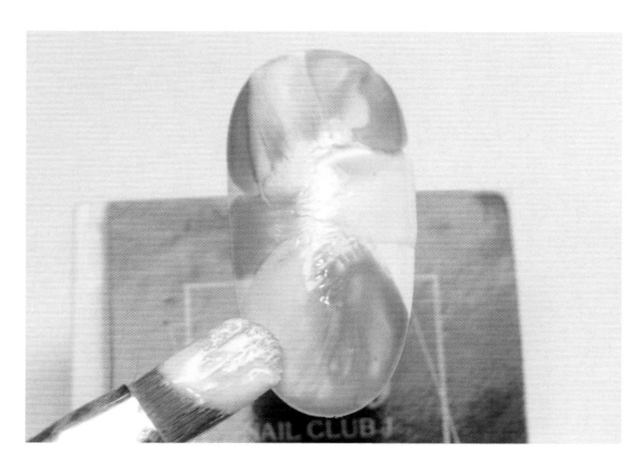

⑤倒出一些浅蓝色甲油胶，用雕花笔蘸甲油胶在空白处随意画三道，灯烤30秒。

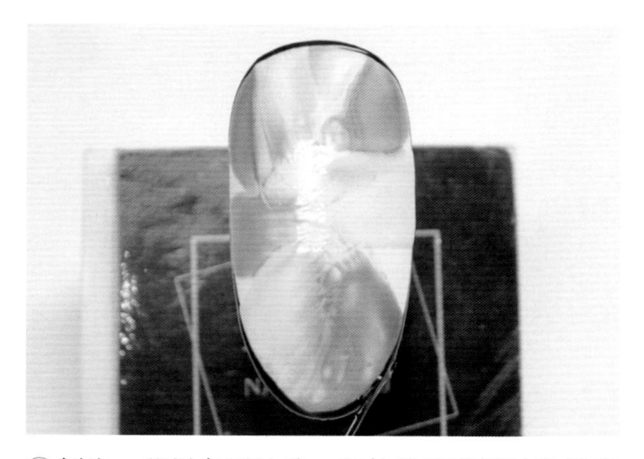

⑥倒出一些黑色甲油胶，用拉线笔蘸甲油胶沿指甲外侧描边，灯烤30秒。

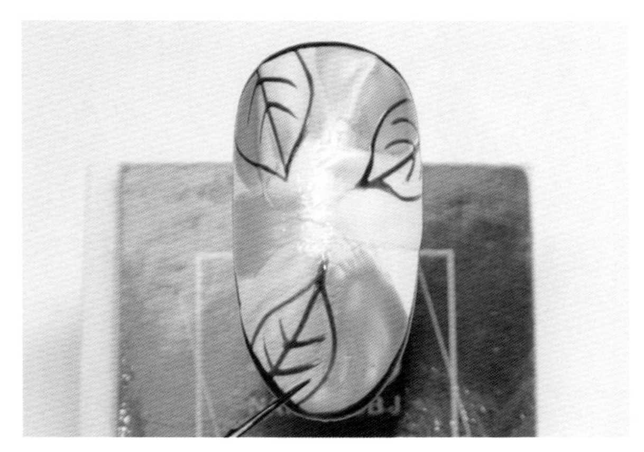

⑦再在指甲上画三片树叶，灯烤30秒。

⑧涂抹速干胶，灯烤30秒。

⑨完成三片叶子的清凉树叶美甲。

2.冰凉水珠

扫一扫，看美甲视频。

工具：打底胶，白色、浅绿色、浅粉色、浅黄色、浅橙色、浅蓝色、黑色甲油胶，亮光顶胶，雕花笔，拉线笔，美甲贴纸，镊子，烤灯。

①涂抹打底胶，灯烤30秒。

②涂抹白色甲油胶，灯烤30秒。

③用倒出一些浅绿色甲油胶，用雕花笔蘸甲油胶在指甲上随意点三下，不烤灯。

④倒出一些浅粉色甲油胶，用雕花笔蘸甲油胶在指甲上随意点三下，与浅绿色图案稍重叠，不烤灯。

⑤同样，随意点三下浅黄色甲油胶，不烤灯。

⑥再随意点三下浅橙色甲油胶，不烤灯。

⑦最后随意点三下浅蓝色甲油胶，灯烤30秒。

⑧倒出一些黑色甲油胶，用拉线笔蘸甲油胶在指甲上画五个大小不一的圆圈，不一定画得完整，一段弧也可以，然后灯烤30秒。

⑨将圆圈或弧线以外的部分涂成黑色，灯烤30秒。

⑩贴上喜欢的美甲贴纸。

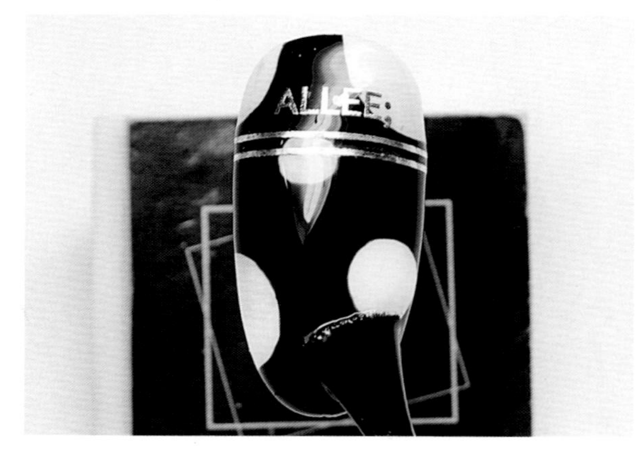

⑪涂抹亮光顶胶，灯烤30秒。

⑫完成与美甲贴纸搭配的冰凉水珠美甲。注意：我制作了三款与不同的美甲贴纸搭配的，圆圈位置不同的冰凉水珠美甲，这样可以形成丰富的变化。

3.冬日雪花

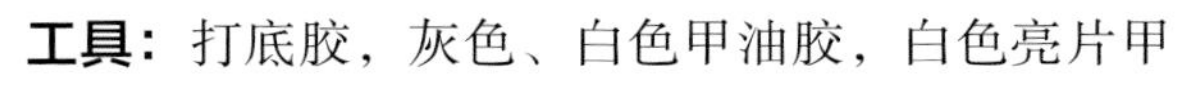

工具：打底胶，灰色、白色甲油胶，白色亮片甲油胶，速干胶，拉线笔，海绵，烤灯。

①涂抹打底胶，灯烤30秒。

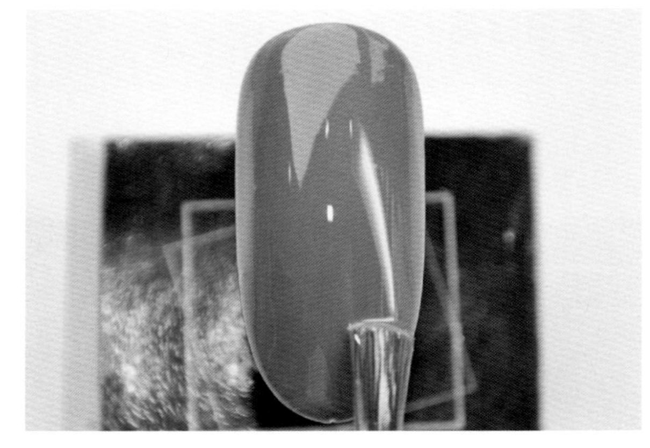

②涂抹灰色甲油胶，灯烤30秒。

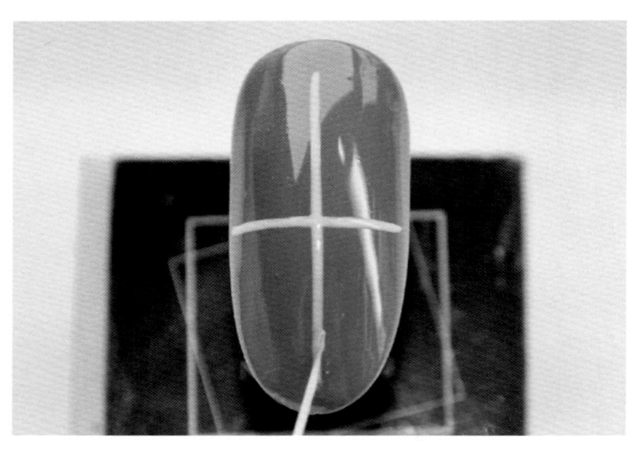

③倒出一些白色甲油胶，用拉线笔蘸甲油胶在指甲中心画一个十字，不烤灯。

④再画一个“X”，它的中心与十字的中心重合，不烤灯。

⑤在每条线段的中间画“V”并让“V”连接起来，不烤灯。

⑥再画四个“V”，完成雪花图案，然后灯烤30秒。

⑦用海绵蘸白色甲油胶，从指甲边缘向内轻轻拍打上色，做出大雪纷飞的效果，然后灯烤30秒。

⑧涂抹速干胶，灯烤30秒。

⑨倒出一些白色亮片甲油胶，用拉线笔蘸甲油胶描一遍雪花图案，灯烤30秒

⑩完成一片大雪花的冬日雪花美甲。

4.冬季雪林

工具：打底胶，白色、深蓝色、蓝色、蓝紫色甲油胶，棕色亮片甲油胶，亮光顶胶，雕花笔，拉线笔，烤灯。

①涂抹打底胶，灯烤30秒。然后涂抹白色甲油胶，灯烤30秒。

②用深蓝色甲油胶涂抹指甲底端，不烤灯。

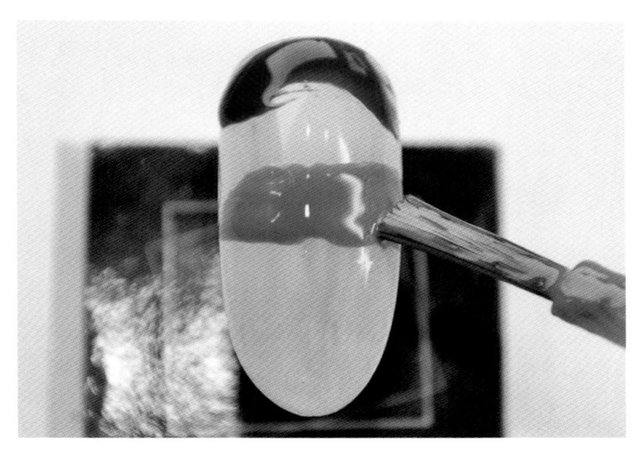

③用蓝色甲油胶涂抹指甲中段，不烤灯。

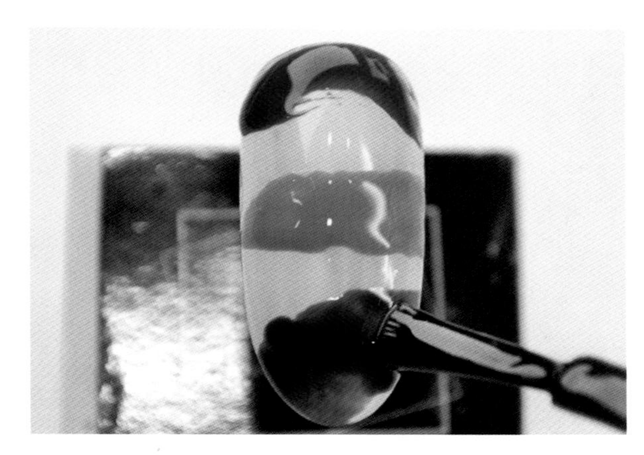

④用蓝紫色甲油胶涂抹指甲顶端，不烤灯。

⑤将雕花笔浸湿，轻轻拍打、混合各种颜色，做出大理石纹，然后灯烤30秒。

⑥用棕色亮片甲油胶倾斜着涂抹指甲顶端，灯烤30秒。

⑦倒出一些白色甲油胶，用拉线笔蘸甲油胶沿棕色亮片甲油胶边缘和指甲顶端斜着画两条粗线，不烤灯。

⑧再在指甲中间画一棵树，不烤灯。

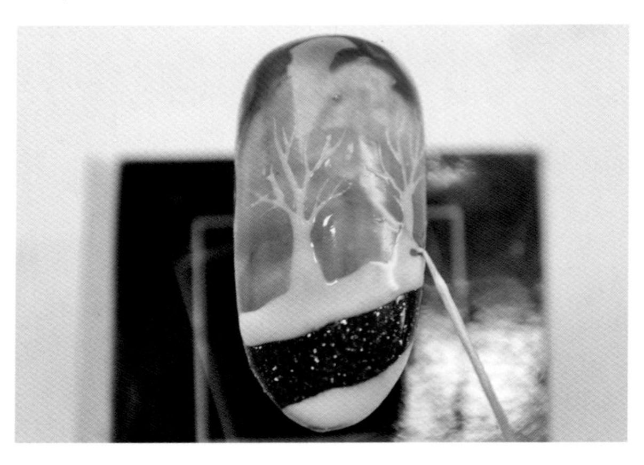

⑨再画一棵树，灯烤30秒。

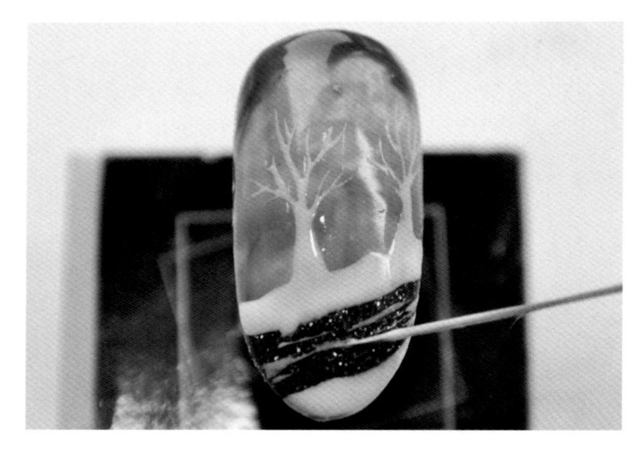

⑩最后在棕色亮片甲油胶上画几条断断续续的线，灯烤30秒。

⑪涂抹亮光顶胶，灯烤30秒。

⑫完成冬季雪林美甲。

5.五彩亮片

扫一扫，看美甲视频。

工具： 打底胶，白色甲油胶，红色、绿色、蓝色、黄色亮片甲油胶，速干胶，亮光顶胶，雕花笔，美甲贴纸，镊子，烤灯。

①涂抹打底胶，灯烤30秒。

②用红色亮片甲油胶从指甲的顶端和底端向指甲中间各画一道，不烤灯。

③再用绿色亮片甲油胶画两道，不烤灯。

④用蓝色亮片甲油胶涂抹指甲底端的空白处，不烤灯。

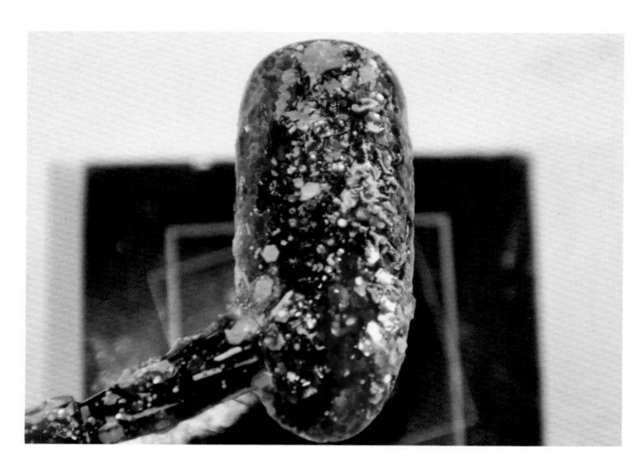

⑤用黄色亮片甲油胶涂抹指甲顶端的空白处，灯烤30秒。

⑥涂抹速干胶，灯烤30秒。

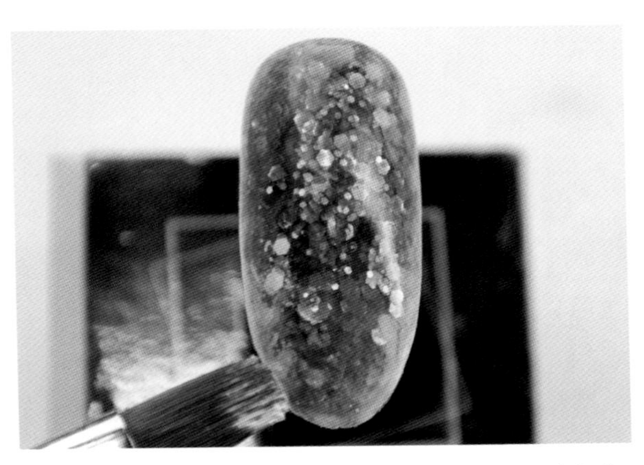

⑦倒出一些白色甲油胶，用雕花笔蘸甲油胶轻轻拍打着涂抹指甲边缘，涂得不要太厚，然后灯烤30秒。

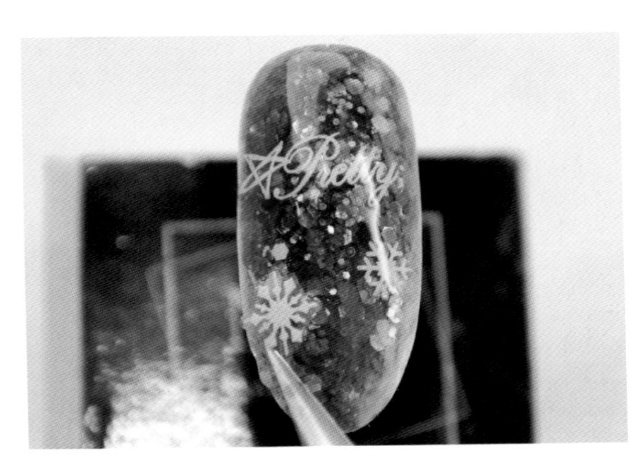

⑧贴上喜欢的美甲贴纸。

⑨涂抹亮光顶胶，灯烤30秒。

⑩完成五彩亮片美甲。注意：亮片甲油胶的位置可随意调换，美甲贴纸也可随意选择。我制作了三款五彩亮片美甲。

练习卡

尝试绘制四季美甲。

（1）春季树叶。

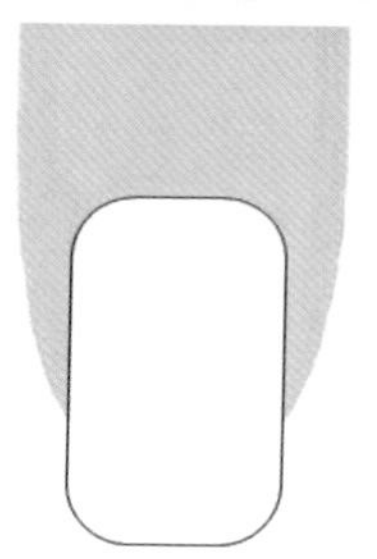

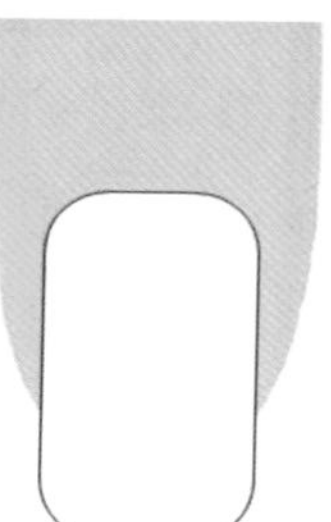

（2）夏季花朵。

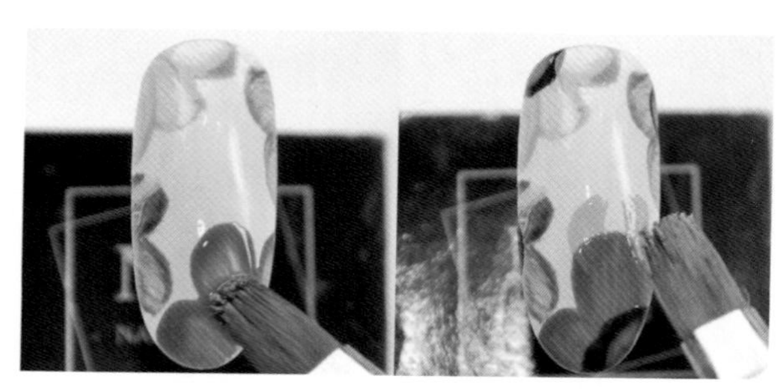

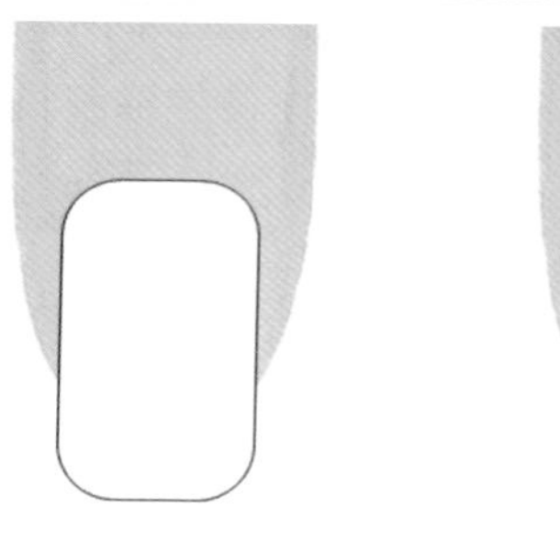

（3）秋季枯草。

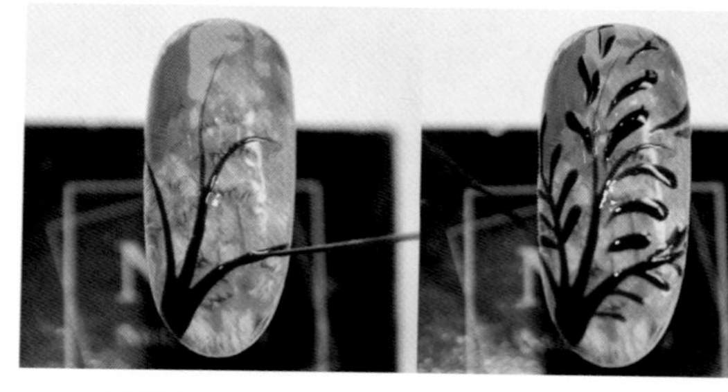

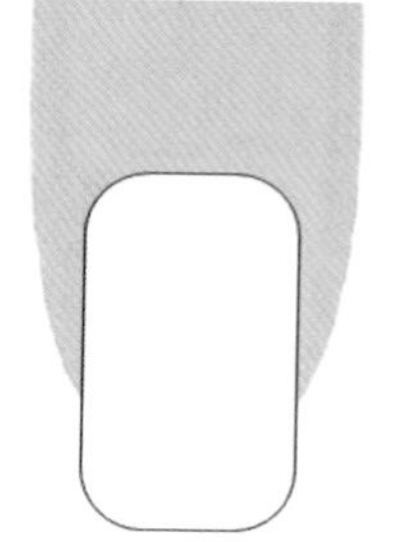

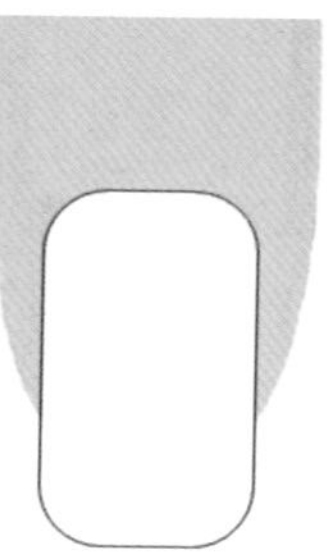

（4）冬季雪花。

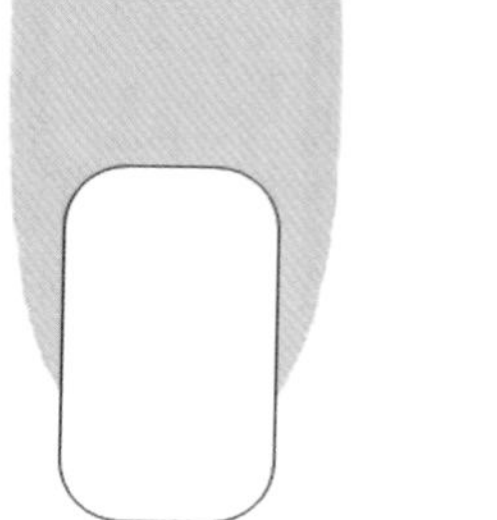

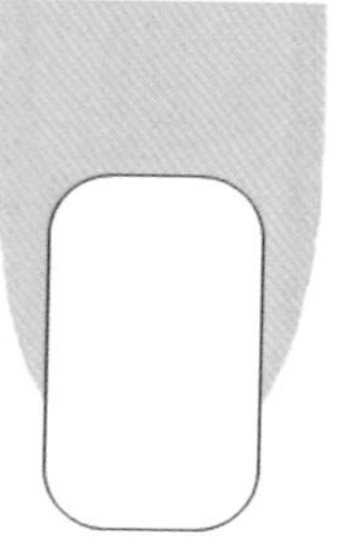

第六章

场合美甲

1.办公室美甲

甲油胶：打底胶，黑色甲油胶，亮光顶胶。

主要美甲技法：法式美甲，线条彩绘。

特点：简约，艺术，低调。

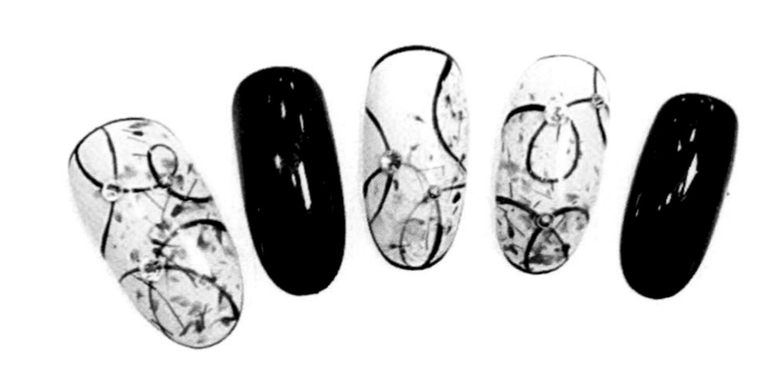

甲油胶：打底胶，白色、黑色甲油胶，橙色、绿色花瓣亮片甲油胶，亮光顶胶，速干胶。

主要美甲技法：线条彩绘。

特点：干净，自由。

甲油胶：打底胶，白色、黑色甲油胶，蓝色、黄色花瓣亮片甲油胶，亮光顶胶，速干胶。

主要美甲技法：法式美甲，线条彩绘。

特点：整洁，丰富。

甲油胶：打底胶，黑色、浅粉色甲油胶，粉色花瓣亮片甲油胶，亮光顶胶，速干胶。

主要美甲技法：法式美甲，线条彩绘。

特点：现代，自由。

2.户外美甲

甲油胶：打底胶，白色、黑色、红色、橙色、蓝色、绿色、紫色甲油胶，亮光顶胶。

主要美甲技法：线条彩绘。

特点：活泼，可爱，动感，艺术。

甲油胶：打底胶，蓝色、浅蓝色、深蓝色、白色、黑色甲油胶，亮光顶胶，速干胶。

主要美甲技法：大理石纹。

特点：清爽，性感。

甲油胶：打底胶，浅褐色、蓝色、深蓝色、红色、绿色、紫色、黑色甲油胶，亮光顶胶，速干胶。

主要美甲技法：花朵彩绘。

特点：知性，风雅。

甲油胶：打底胶，白色、红色、黄色、绿色甲油胶，银色亮片甲油胶，亮光顶胶。

主要美甲技法：格纹彩绘。

特点：热情，动感。

甲油胶：打底胶，黑色、红色、黄色、紫色、白色甲油胶，亮光顶胶。

主要美甲技法：大理石纹。

特点：抽象，艺术。

甲油胶：打底胶，深蓝色、白色甲油胶，亮光顶胶。

主要美甲技法：大理石纹。

特点：时尚，个性。

蕾丝网格绘制方法

将蚊帐等带有蕾丝花边或小网格的物品贴在指甲上，涂抹甲油胶后将它们揭下来即可。

甲油胶：打底胶，黑色、黄色、浅绿色、橙色、粉色甲油胶，亮光顶胶，速干胶。

主要美甲技法：卡通图案彩绘。

特点：明艳，可爱，生动。

甲油胶：打底胶，黑色、白色、墨绿色、浅棕色甲油胶，亮光顶胶，速干胶。

主要美甲技法：格纹彩绘。

特点：自由，奔放，中性。

3.约会美甲

甲油胶： 打底胶，白色、红色甲油胶，亮光顶胶，速干胶。

主要美甲技法： 法式美甲，卡通图案彩绘。

特点： 可爱，浪漫。

甲油胶： 打底胶，粉色、白色、橙色、绿色、黄色甲油胶，白色压花胶，亮光顶胶，速干胶。

主要美甲技法： 波点彩绘，大理石纹。

特点： 活泼，动感。

甲油胶： 打底胶，白色、深粉色甲油胶，粉色、银色亮片甲油胶，亮光顶胶。

主要美甲技法： 渐变晕染，条纹彩绘。

特点： 柔美。

甲油胶： 打底胶，白色、蓝色、绿色、黄色、粉色、黑色甲油胶，银色亮片甲油胶，亮光顶胶，速干胶。

主要美甲技法： 波点彩绘。

特点： 甜美，可爱。

4.聚会美甲

甲油胶：打底胶，白色、浅蓝色甲油胶，深绿色亮片甲油胶，亮光顶胶，速干胶。

主要美甲技法：渐变晕染，线条彩绘。

特点：整洁，华丽，清新。

甲油胶：打底胶，白色、深蓝色、红色甲油胶，金色亮片甲油胶，亮光顶胶，速干胶。

主要美甲技法：条纹彩绘。

特点：丰富，多变，华丽。

甲油胶：打底胶，浅粉色甲油胶，橙色亮片甲油胶，白色压花胶，亮光顶胶。

主要美甲技法：立体美甲。

特点：清爽，柔美。

甲油胶：打底胶，浅粉色甲油胶，粉色、紫色、绿色亮片甲油胶，亮光顶胶。

主要美甲技法：卡通图案彩绘。

特点：透气，可爱。

甲油胶： 打底胶，粉色、浅褐色、褐色、白色、红褐色甲油胶，金色亮片甲油胶，亮光顶胶，速干胶。

主要美甲技法： 渐变晕染，条纹彩绘。

特点： 优雅，大方。

甲油胶： 打底胶，白色、黑色、蓝色、深蓝色甲油胶，亮光顶胶，速干胶。

主要美甲技法： 格纹彩绘，大理石纹。

特点： 热情，野性，性感。

甲油胶： 打底胶，白色、深蓝色甲油胶，蓝色、紫色花瓣亮片甲油胶，亮光顶胶，速干胶。

主要美甲技法： 立体美甲。

特点： 端庄，华丽，正式。

甲油胶： 打底胶，白色、绿色、褐色、黑色甲油胶，红色、绿色、银色、蓝色、灰色亮片甲油胶，白色压花胶，亮光顶胶，速干胶。

主要美甲技法： 卡通图案彩绘，立体美甲。

特点： 热烈，鲜艳，喜庆。

5.婚礼美甲

甲油胶： 打底胶，白色、紫色、粉色、绿色、紫红色甲油胶，亮光顶胶。

主要美甲技法： 法式美甲，花朵彩绘。

特点： 淡雅，柔美。

甲油胶： 打底胶，白色、黑色、灰色甲油胶，哑光顶胶，速干胶。

主要美甲技法： 花朵彩绘。

特点： 夸张，庄重，饱满。

甲油胶： 打底胶，白色、橙色、黄色、灰色甲油胶，亮光顶胶。

主要美甲技法： 花朵彩绘。

特点： 古韵，优雅，传统。

甲油胶： 打底胶，白色、蓝色、绿色、紫色、红褐色甲油胶，银色、粉色亮片甲油胶，亮光顶胶，速干胶。

主要美甲技法： 花朵彩绘。

特点： 淡雅，个性。

甲油胶：打底胶，白色、紫色、紫红色、粉色甲油胶，亮光顶胶。

主要美甲技法：大理石纹。

特点：大气，高贵。

甲油胶：打底胶，浅粉色、金色甲油胶，粉色花瓣亮片甲油胶，亮光顶胶，速干胶。

主要美甲技法：立体美甲。

特点：清纯，淡雅。

甲油胶：打底胶，白色、绿色、粉色甲油胶，黄色花瓣亮片甲油胶，哑光顶胶，速干胶。

主要美甲技法：条纹彩绘，立体美甲。

特点：复古，优雅，大气。

甲油胶：打底胶，灰色甲油胶，银色亮片甲油胶，亮光顶胶，速干胶。

主要美甲技法：法式美甲，渐变晕染。

特点：闪耀，华丽，高贵。

甲油胶： 打底胶，白色甲油胶，亮光顶胶，速干胶。

主要美甲技法： 法式美甲，条纹彩绘。

特点： 干净，纯洁，大气。

甲油胶： 打底胶，银色、褐色甲油胶，银色、粉色花瓣亮片甲油胶，亮光顶胶，速干胶。

主要美甲技法： 条纹彩绘，立体美甲。

特点： 淡雅，清新，甜美。

甲油胶： 打底胶，白色、黑色甲油胶，亮光顶胶，速干胶。

主要美甲技法： 花朵彩绘。

特点： 个性，独特。

甲油胶： 打底胶，白色甲油胶，粉色花瓣亮片甲油胶，亮光顶胶，速干胶。

主要美甲技法： 立体美甲。

特点： 淡雅，柔美，低调。

6.假日美甲

甲油胶：打底胶，白色、深蓝色、黄色、绿色、橙色、紫色、浅褐色甲油胶，透明花瓣亮片甲油胶，亮光顶胶，速干胶。

主要美甲技法：条纹彩绘，立体美甲。

特点：绚丽，热情。

甲油胶：打底胶，粉色、白色甲油胶，银色亮片甲油胶，亮光顶胶，速干胶。

主要美甲技法：渐变晕染，波点彩绘。

特点：浪漫，优雅。

甲油胶：打底胶，白色、蓝色、黑色甲油胶，银色亮片甲油胶，亮光顶胶，速干胶。

主要美甲技法：渐变晕染，立体美甲。

特点：清爽，清新，自由。

甲油胶：打底胶，白色、绿色、黄色甲油胶，亮光顶胶。

主要美甲技法：条纹彩绘。

特点：生机，自然，明艳。

甲油胶：打底胶，白色、蓝色、深蓝色甲油胶，蓝色花瓣亮片甲油胶，亮光顶胶，速干胶。

主要美甲技法：法式美甲，立体美甲，大理石纹。

特点：清凉，淡雅。

甲油胶：打底胶，白色、深蓝色甲油胶，深蓝色亮片甲油胶，亮光顶胶。

主要美甲技法：卡通图案彩绘。

特点：神秘，个性，独特。